虚拟现实

从原理到电子工艺实践

本书编写组　编

SPM 南方传媒 | 广东人民出版社

· 广州 ·

图书在版编目（CIP）数据

虚拟现实：从原理到电子工艺实践 / 本书编写组编．
广州：广东人民出版社，2024. 9. -- ISBN 978-7-218
-17997-1

Ⅰ．TP391.98

中国国家版本馆 CIP 数据核字第 202487HJ53 号

XUNI XIANSHI: CONG YUANLI DAO DIANZI GONGYI SHIJIAN

虚 拟 现 实： 从 原 理 到 电 子 工 艺 实 践

本书编写组　编

出 版 人：肖风华

策划编辑：张　瑀
责任编辑：汪雪阳
责任技编：吴彦斌
装帧设计：奔流文化

出版发行：广东人民出版社
地　　址：广州市越秀区大沙头四马路10号（邮政编码：510199）
电　　话：（020）85716809（总编室）
传　　真：（020）83289585
网　　址：http://www.gdpph.com
印　　刷：广东虎彩云印刷有限公司
开　　本：787毫米×1092毫米　1/16
印　　张：12.5　　　**字　　数：**237千
版　　次：2024年9月第1版
印　　次：2024年9月第1次印刷
定　　价：58.00元

如发现印装质量问题，影响阅读，请与出版社（020-85716849）联系调换。
售书热线：（020）85716896

编委会

主　编　李冕杰

副主编　刘晓峰　乐芷涵　刘洪铭　欧阳明飞
陈奕兵　陈晓婷

前言

本书旨在全面而深入地探讨虚拟现实技术的方方面面，从基本概念和历史发展出发到广泛的应用领域，再到具体的系统构建和开发实践。

第1章“虚拟现实技术基本介绍”，详细介绍了什么是虚拟现实技术，包括基本概念、特征、发展历程、应用领域等。通过本章的学习，读者可以对虚拟现实技术有一个整体且清晰的认识，为后续的深入学习打下基础。

第2章“虚拟现实系统的硬件设备和相关软件工具”，详细介绍了构建虚拟现实系统所需的硬件设备和相关软件工具，包括头戴式显示器、控制器、传感器等硬件设备，以及用于开发和管理虚拟现实应用的软件工具。这部分内容帮助读者了解虚拟现实系统的基本要素与构成。

第3章“虚拟现实系统的关键技术”，深入探讨了虚拟现实技术的核心要素，如三维图形、三维建模、音频、交互设计等技术。这些技术既是实现高质量虚拟现实系统发展的关键，也是本书的重点内容之一。

第4章“Unity基础”，详细介绍了Unity这款功能强大的虚拟现实开发平台，主要包括Unity的开发环境、场景与对象、脚本编程语言（C#语言）、物理引擎等关键内容。通过这部分内容的学习，读者可以使用Unity进行虚拟现实应用开发的基本技能。

第5章“3Ds Max 2024软件与应用”，详细探讨了3Ds Max 2024软件在虚拟现实系统和三维设计中的应用，主要包括3Ds Max 2024软件的基本介绍、基础设置、三维建模的基本方法。

第6章“虚拟现实技术案例开发与制作”，通过一系列实际案例来展示虚拟现实技术的应用和制作过程。这些案例涵盖了虚拟现实游戏开发、虚拟培训与模拟体验、虚拟导览与互动旅游等多个领域。通过学习这些案例，读者可以更深入地理解虚拟现实技术的应用和开发流程，并积累宝贵的实践经验。此外，本章还特设了“虚拟现实项目的敏捷框架”和“虚拟现实技术应用电子工艺实践”这两节。其中，“虚拟现实技术应用电子工艺实践”旨在介绍虚拟现实技术在电子工艺领域的应用和实践。这部分内容帮助读者了解如何将虚拟现实技术应用于电子产品的设计、制造和测试等环节，以提高生产效率和产品质量。

总而言之，本书内容全面、结构清晰、案例丰富。通过本书的学习，读者能够全面掌握虚拟现实技术的核心知识和技能，为未来的研究和应用打下坚实的基础。本书既适合初学者入门学习，也适合专业人士深入研究和参考。

限于水平，难免有片面与错漏之处，敬请读者不吝赐教。

编　者

CONTENTS 目录

第1章 虚拟现实技术基本介绍

1.1 虚拟现实技术概述 ………… 2
1.1.1 虚拟现实技术的基本概念…… 2
1.1.2 虚拟现实技术的特征………… 3
1.1.3 虚拟现实系统的组成………… 4
1.1.4 增强现实技术、混合现实技术、扩展现实技术 ………………… 5
1.2 虚拟现实技术的发展 ……… 7
1.2.1 虚拟现实技术的发展历程 … 7
1.2.2 虚拟现实技术的国内外现状 ………………………………… 8
1.2.3 虚拟现实技术的未来展望…… 9
1.3 虚拟现实技术的应用领域 ………………………………11
1.3.1 教育领域…………………… 11
1.3.2 娱乐领域…………………… 13
1.3.3 医学领域…………………… 14
1.3.4 工业设计领域 …………… 16
1.3.5 军事与航空航天领域……… 17
课后习题…………………………… 20

第2章 虚拟现实系统的硬件设备和相关软件工具

2.1 头戴式显示器 ………………24
2.1.1 头戴式显示器的基本原理 ……………………………… 25
2.1.2 头戴式显示器的分类……… 26
2.1.3 头戴式显示器的选购……… 26
2.1.4 产品案例：Oculus Quest 2 ……………………………… 27
2.2 控制器与传感器 ……………27
2.2.1 控制器的工作原理与分类… 27

2.2.2 传感器的工作原理、作用与应用……………………… 28
2.2.3 控制器与传感器的选购…… 29
2.2.4 控制器与传感器的发展趋势……………………………… 29

2.3 计算机配置要求 ……………30
2.3.1 中央处理器与内存………… 30
2.3.2 显卡与显卡内存…………… 30
2.3.3 存储空间与数据传输速率… 30
2.3.4 操作系统的兼容性 ……… 31
2.3.5 计算机的散热性与扩展性… 31
2.3.6 产品案例：宏碁Predator Helios 300笔记本电脑 …………… 31

2.4 虚拟现实软件工具 …………32
2.4.1 虚拟现实软件工具的重要性……………………………… 32
2.4.2 虚拟现实软件工具的分类……………………………… 32
2.4.3 虚拟现实软件工具的案例 33
课后习题………………………………… 34

第3章 虚拟现实系统的关键技术

3.1 三维图形与建模 ……………36
3.1.1 三维图形的核心元素……… 36
3.1.2 顶点与多边形……………… 38
3.1.3 光照和着色………………… 38
3.1.4 纹理映射 ………………… 41
3.1.5 实例分析…………………… 44

3.2 三维建模的技术原理 ………48
3.2.1 多边形建模………………… 48
3.2.2 曲面建模…………………… 49
3.2.3 体素建模…………………… 50
3.2.4 参数化建模 ……………… 53
3.2.5 数字雕刻…………………… 53

3.3 音频技术 ……………………54
3.3.1 声波与声音表示…………… 55
3.3.2 音频处理技术……………… 56
3.3.3 立体声与定位音效………… 58
3.3.4 环境声场模拟与音频技术的构成 ……………………… 59

3.4 交互设计与用户体验 ………60
3.4.1 交互设计概述 …………… 60
3.4.2 交互设计原则 …………… 62

3.4.3 用户体验设计 …………… 63
3.4.4 交互设计工具与技术 …… 64
3.4.5 用户测试与优化 ………… 68
课后习题………………………… 72

第4章 Unity基础

4.1 Unity开发环境 ……………76
4.1.1 Unity的介绍与安装 ……… 76
4.1.2 第一次启动Unity ………… 79
4.2 Unity中的场景与对象 ……84
4.2.1 场景视图管理 …………… 84
4.2.2 对象与层次结构 ………… 85
4.3 脚本编程语言 ……………85
4.3.1 使用脚本 ………………… 86
4.3.2 C#语言基础知识 ………… 87
4.4 Unity中的物理引擎 ………88
4.4.1 物理引擎简介 …………… 88
4.4.2 Unity常用组件 …………… 89
课后习题………………………… 90

第5章 3Ds Max 2024软件与应用

5.1 3Ds Max 2024软件介绍 …92
5.1.1 基本介绍……………………… 92
5.1.2 应用领域……………………… 93
5.1.3 软件界面……………………… 95
5.2 3Ds Max 2024软件基础设置 …………………………… 101
5.2.1 基本操作……………………… 101
5.2.2 基础设置……………………… 102
5.3 三维建模基本方法 ……… 107
5.3.1 标准基本体…………………… 107
5.3.2 基本操作……………………… 112
5.3.3 实战案例……………………… 124
课后习题………………………… 128

第6章　虚拟现实技术案例开发与应用

6.1 虚拟现实游戏开发 ········· 132

6.1.1 虚拟现实游戏引擎选择与比较 ········· 132

6.1.2 设计虚拟环境 ········· 136

6.1.3 虚拟现实游戏开发面临的挑战 ········· 148

6.1.4 虚拟现实游戏开发场景搭建 ········· 149

6.2 虚拟培训 ········· 155

6.2.1 虚拟培训的行业应用 ········· 155

6.2.2 虚拟培训模块的设计 ········· 157

6.2.3 虚拟培训案例 ········· 159

6.3 虚拟导览与互动旅游 ········· 159

6.3.1 虚拟导览的技术基础和实现方式 ········· 159

6.3.2 互动旅游 ········· 163

6.4 虚拟现实项目的敏捷开发框架 ········· 165

6.4.1 敏捷开发概述 ········· 165

6.4.2 敏捷开发在虚拟现实项目中的重要性与框架类型 ········· 166

6.4.3 敏捷开发框架的应用 ········· 168

6.5 虚拟现实技术应用电子工艺实践 ········· 172

6.5.1 虚拟现实技术在电子设计领域中的应用 ········· 172

6.5.2 电子设备的建模技术与效果展示 ········· 174

6.5.3 电子设备的三维可视化 ········· 177

6.5.4 实践案例分析 ········· 180

课后习题 ········· 185

附录 虚拟现实开发资源推荐 ········· 187

参考答案 ········· 189

01

第1章

虚拟现实技术基本介绍

虚拟现实技术与现实世界相融合，为用户创造出沉浸式的三维体验能力。本章将全面介绍虚拟现实技术，从基本概念、特征、组成、类型到发展历程和现状，再到应用领域都进行了详尽的介绍，具体包括虚拟现实技术的核心特性、系统的组成部分和在不同领域的应用潜力及可能面临的挑战，以帮助读者加深对虚拟现实技术的理解。

1.1 虚拟现实技术概述

在探索虚拟现实技术之前，我们首先要明确一点：虚拟现实（Virtual Reality，简称VR）并非真正的现实，而是一个由计算机生成并模拟的数字化环境。这个环境通过先进的近眼显示和感知交互技术，使用户身临其境，沉浸在这个由数字构建的虚拟世界中。虚拟现实技术的核心在于为用户创建一个沉浸式的三维虚拟环境，这个环境既可以是对真实世界的模拟，也可以是完全由想象力构造出的奇幻世界。通过头戴式显示器（Head-Mounted Display，简称HMD）、手柄、触觉反馈装置等交互设备，用户不仅能够在这个虚拟世界中看到影像、听到声音，而且能进行实时的互动，感受到虚拟物体的触感及其反馈的力度。

虚拟现实技术的发展离不开计算机硬件和软件的进步。随着图形处理器（Graphics Processing Unit，简称GPU）性能的不断提升、高分辨率显示技术的快速发展及人工智能技术的广泛应用，虚拟现实技术也在不断地进步和完善。如今，我们已经能够体验到高质量的三维图像、流畅的动作捕捉及逼真的物理反馈等先进的虚拟现实技术集于一体的沉浸式虚拟世界。

1.1.1 虚拟现实技术的基本概念

目前，虚拟现实技术是计算机图形学、人工智能技术、人机交互技术和传感器技术集于一体的最新成果，为用户提供了一种全新、多感官体验的人与机器的交流互动方式。虚拟现实技术用计算机创建模拟环境，通过多源信息融合、交互式三维动态视景及实体行为系统模拟，能让用户产生身临其境之感。在虚拟现实技术的支持下，用户可以通过特殊的头戴式显示器、数据手套等交互设备，将自己的视觉、听觉和触觉等感知功能与自然环境分隔开，进入由计算机模拟创造出的三维虚拟空间中，并与之进行实时互动。用户在这个虚拟空间中可以像在现实生活中一样，进行各种感知和操作，从而得到沉浸式体验。

总之，虚拟现实技术是一种先进的计算机生成虚拟环境技术，为用户提供了一种全新、多感官体验的交互方式。通过模拟真实或构建想象的世界，虚拟现实技术使得用户能够身临其境地沉浸其中。如今，虚拟现实技术已被应用到更广泛的领域中，使人们的日常生活与工作更加便捷，给人们带来更多的快乐。

1.1.2 虚拟现实技术的特征

虚拟现实技术以其独特的魅力，逐渐改变着人们的生活方式和认知模式。虚拟现实作为一种集成了计算机图形学、人工智能、人机交互、传感器等多个领域的先进成果的技术，不仅为人们提供了全新的感官体验，而且在多个维度上展现出独有的特征。

第一，沉浸感是虚拟现实技术最为显著的特征。通过先进的近眼显示技术和传感器设备，虚拟现实技术能够为用户创建一个高度逼真的虚拟环境，使用户仿佛置身于一个真实的三维空间中。在这个虚拟环境里，用户可以自由移动、观察，甚至与虚拟物体进行互动，从而获得沉浸感。这种沉浸感既增强了用户的体验，也使虚拟现实技术在游戏、教育、医学等领域有着广泛的应用前景。

第二，交互性是虚拟现实技术的独特特征。与传统的计算机不同，虚拟现实技术允许用户通过自然语言、手势等多种方式与虚拟环境进行交互。用户不仅可以观察虚拟环境，而且可以通过各种操作来改变虚拟环境的状态，实现与虚拟物体的实时互动。这种交互性使得虚拟现实技术能够为用户提供更加自然、直观、流畅的交互体验，同时也能进一步增强用户的沉浸感。

第三，自主性是虚拟现实技术的突出特征。在虚拟环境中，物体可以按照设计者预设的规则进行自主运动或变化。这种自主性既使得虚拟环境更加生动、真实，也使得虚拟现实技术能够模拟各种复杂的场景和情境。例如，在虚拟现实游戏中，NPC角色（Non-Player Character，非玩家控制角色）可以自主行动；在虚拟现实训练中，模拟场景可以根据用户的操作进行实时变化。这种自主性为虚拟现实技术的应用提供了更多的可能性。

第四，多感知性是虚拟现实技术的典型特征。除了视觉和听觉之外，虚拟现实技术还可以通过触觉、嗅觉、味觉等多种感知方式为用户提供更加全面的体验。例如，在虚拟场景中，用户可以通过特殊的手套感受到虚拟物体的触感和质感；通过特殊的装置，用户可以闻到虚拟环境中的气味。这种多感知性使得虚拟现实技术可以为用户提供更逼真、更自然的感受。

虚拟现实技术的这些特征使其在许多领域都显示出了巨大的应用潜力。在娱乐领域里，虚拟现实技术给游戏用户带来了一种前所未有的沉浸式游戏感受，使游戏用户获得奇妙、震撼的游戏体验；在教育领域中，虚拟现实技术能够模拟多种教学所需的真实场景，为学习者提供更加生动、直观的学习方式；在医学领域中，虚拟现实技术可应用于手术模拟和康复训练，辅助医师更好地为患者诊疗；在军事领域中，虚拟现实技术可应用于模拟训练和作战指挥，增强部队的模拟作战能力。

即便如此，虚拟现实技术还是面临着一些问题。首先，虚拟现实设备的成本较高，普及程度还有待提高。其次，虚拟现实技术在真实感和交互性等方面还需要进一步提升。最后，长时间使用虚拟现实设备可能会对用户的身体健康产生一定的影响，这也是需要注意的问题。

总的来说，虚拟现实技术以沉浸感、交互性、自主性和多感知性等特征，为人们带来了全新的体验，具有广泛的应用前景。随着虚拟现实技术的不断发展和完善，它将在越来越多的领域得到应用和推广，给人们的生活和工作带来更多的便利和乐趣。同时，人们也需要关注虚拟现实技术在发展的过程中可能带来的问题，并积极寻求解决方案，以确保可持续发展。

1.1.3　虚拟现实系统的组成

虚拟现实系统是一个集成了多种技术和设备的复杂系统，核心目的是为用户提供沉浸式的多感官体验。一般具有代表性的虚拟现实系统主要包括计算机，输入设备和输出设备，应用软件及数据库。这些硬件和软件共同协作，为用户创造出一个真实感十足的虚拟环境。

首先，计算机在整个虚拟现实系统中起着非常关键的作用，被称为“心脏”。计算机负责处理大量的数据和信息，包括虚拟环境的建模、渲染、物理模拟等。同时，计算机还需要实时响应用户的操作和输入，确保虚拟环境的实时性和交互性。因此，计算机的性能对虚拟现实系统的运行效果至关重要。

其次，输入设备和输出设备是虚拟现实系统中实现人机交互的重要组成部分。其中，输入设备能够识别用户各种形式的输入，如手势、语音、头部动作和眼球的运动等，并将这些输入转化为计算机可以理解的指令；输出设备则将经计算机处理后的虚拟环境以视觉、听觉、触觉等方式呈现给用户，使用户能够感受到沉浸式的体验。常见的输入设备包括数据手套、头戴式显示器、力反馈装置等，输出设备包括立体显示器、音响系统等。

再次，应用软件是虚拟现实系统实现人机交互的另一个重要组成部分。这些应用软件负责构建虚拟环境的各种元素和场景，对虚拟环境系统、后台数据库与互动硬件也存在着必需的界面连接。同时，应用软件还需要提供丰富的交互功能，使用户能够与虚拟环境进行各种形式的互动。因此，应用软件的设计和开发需要充分考虑用户体验感和交互性。

最后，在虚拟环境中，数据库是用来存放各种数据和资料的，如地形数据、场景模型，以及各种建造的建筑物模型等。这些数据既是构建虚拟环境的基础，也是实现实时渲染和物理模拟的关键。因此，数据库的性能和稳定性对虚拟现实系统的运行至关重要。

除上述四个主要部分之外，虚拟现实系统还需要一些辅助设备和技术的支持。例如，为了增强虚拟环境的真实感和沉浸感，需要使用三维扫描仪等进行实物建模；为了实现更加自然的交互方式，需要采用语音识别和手势识别等技术。这些辅助设备和技术增强了用户体验感。

此外，在虚拟现实系统的设计和实现过程中，还需要考虑一些关键因素。首先，虚拟现实系统的兼容性和可扩展性，即虚拟现实系统能支持多种设备和技术的接入，并能随着技术的发展进行升级和扩展。其次，虚拟现实系统的稳定性和安全性，即虚拟现实系统能稳定运行并能保护用户的数据和隐私。最后，虚拟现实系统的易用性和舒适性，即虚拟现实系统易于使用并能提供舒适的体验环境，以减少用户在使用过程中的不适。

总的来说，虚拟现实是一个复杂而精密的系统，集成了多种技术和设备，共同为用户创造出一个真实感十足的虚拟环境。

1.1.4 增强现实技术、混合现实技术和扩展现实技术

在数字化浪潮席卷全球的今天，增强现实（Augmented Reality，简称AR）技术、混合现实（Mixed Reality，简称MR）技术和扩展现实（Extended Reality，简称XR）技术等正日益成为科技领域的研究热点。这些技术以独特的方式将虚拟世界与现实世界相融合，为我们的生活、工作和娱乐带来了前所未有的体验。

1.1.4.1 增强现实技术

增强现实是一项将虚拟信息与现实相结合的新技术。增强现实技术通过多媒体、

三维建模、实时追踪及注册、智能交互、传感等多种技术，使计算机产生文字、图片、三维模型、音乐和视频等虚拟信息，并将这些虚拟信息运用在现实中。这样可以实现虚拟信息与现实中的实际场景同时并存，并互相补充，达到增强现实的目的。

1.1.4.2 混合现实技术

混合现实技术是增强现实技术和虚拟现实技术的结合体，是将虚拟对象与真实环境进行交互，并使虚拟对象在真实环境中看起来更真实。混合现实技术通过头戴式设备实现，用户可以看到虚拟环境中的对象，并与虚拟对象进行交互。

1.1.4.3 扩展现实技术

扩展现实技术是一个更为广泛的概念，涵盖了虚拟现实、增强现实和混合现实等技术。扩展现实技术的目标是创造一种综合体验，将现实世界和虚拟环境融合在一起，以在现实世界中为用户提供更丰富的体验。扩展现实技术利用计算机把现实世界和虚拟环境融合在一起，创造出一个能实现人机互动的虚拟环境，利用摄像机追踪与实时图像渲染技术，使显示介质的虚拟环境实时跟踪摄像机视角，将计算机构建的虚拟环境与摄像机拍摄的现实画面融合，从而营造出无限空间感。扩展现实技术为用户提供了更加自由、灵活的交互方式，使他们能够在虚拟环境与现实世界之间无缝切换。

从应用场景来看，增强现实技术、混合现实技术和扩展现实技术都具有广泛的应用前景。在教育领域，利用这些技术，创造出一种身临其境的教学情境，可以增强学习者对学习的兴趣与成效；在医学领域，将这些技术应用到手术仿真、康复训练中，可以为患者提供更好诊疗；在娱乐领域，利用这些技术来创造更为真实的游戏与影片，可以丰富人们的娱乐生活；在工业设计领域，将这些技术用于产品设计、制造和维修等方面，可以提高生产效率并能降低成本。

然而，增强现实技术、混合现实技术和扩展现实技术也面临着一些挑战。例如，技术成熟度、设备成本、用户接受度等问题都需要进一步解决。同时，这些技术还可能带来一些伦理和社会问题。例如，如何保障用户的数据安全和隐私就是一个重要的问题。

综上所述，增强现实技术、混合现实技术和扩展现实技术作为前沿科技领域的代表，正以独特的方式改变着人们的生活和工作方式。未来，随着科技的发展与运用范围的扩大，这些技术将发挥越来越重要的作用，持续推动人们的生活与工作发展。

1.2 虚拟现实技术的发展

虚拟现实作为一种革命性计算机生成的环境技术，经历了漫长而曲折的发展历程。从早期的概念萌芽到如今的广泛应用，虚拟现实技术不断突破技术瓶颈，实现了从理论到实践的质的飞跃。

1.2.1 虚拟现实技术的发展历程

虚拟现实技术的发展历程可谓是一部波澜壮阔的科技史诗，它经历了从萌芽到成熟，再到广泛应用的多个阶段。

20世纪五六十年代，是虚拟现实技术的早期阶段。计算机图形学刚刚起步，科学家们开始探索利用计算机生成三维图像。这一时期，虽然技术尚不成熟，但已经为虚拟现实技术的发展奠定了基础。随着计算机技术的快速发展，虚拟现实技术开始进入实验阶段。科学家们尝试利用计算机生成的三维图像来模拟真实环境，并通过头戴式显示器等设备让用户体验虚拟环境。

20世纪80年代，虚拟现实技术迎来了重要的突破。这一时期，计算机图形处理能力的显著提升和头戴式显示器的发展，使得虚拟现实技术的逼真度和沉浸感得到了大幅提升。同时，虚拟现实系统的交互性也得到了增强，用户可以通过各种传感器和控制器与虚拟环境进行互动。这些技术的突破为虚拟现实技术的进一步发展奠定了坚实的基础。

20世纪90年代，虚拟现实技术开始进入商业应用阶段。随着计算机硬件和软件的不断完善，虚拟现实技术开始在娱乐等领域得到广泛应用。这一时期，虚拟现实游戏和虚拟现实电影成为了新的热门话题，用户可以通过虚拟现实技术体验到前所未有的沉浸式娱乐感受。

21世纪初，虚拟现实技术迎来了更为迅猛的发展期。随着计算机图形处理器性能的提升、高分辨率显示技术的普及和传感器技术的进步，虚拟现实技术的逼真度和沉浸感得到了进一步的提升。同时，随着移动互联网和物联网技术的快速发展，虚拟现实技术也开始与新技术相结合，为用户提供更加便捷、丰富的体验。

近年来，随着人工智能、大数据等技术的融入，使虚拟现实技术逐步向智能化、个性化和高效化方向发展。例如，通过机器学习算法，虚拟现实系统可以根据用户的喜好和行为习惯进行智能化推荐和个性化定制；通过大数据分析，虚拟现实系统可以实时收集和分析用户数据，为开发者提供更加精准的用户反馈和优化建议。

此外，随着5G、云计算等新一代信息技术的普及和应用，虚拟现实技术又迎来了新的发展机遇。5G技术的高速传输和低延迟等特性为虚拟现实应用场景提供了更加流畅、稳定的体验；云计算技术为虚拟现实技术提供了强大的计算和存储支持，使大规模、高复杂度的虚拟现实应用场景成为可能。

虚拟现实技术的发展经历了从理论探索到实践应用、从简单模拟到高度逼真等多个阶段，将继续朝着智能化、个性化和高效化的方向发展。随着科技的不断创新和突破，虚拟现实技术将为人类创造更加美好的虚拟世界，带来更加丰富的体验和更加便利的生活方式。虚拟现实技术在未来能够与其他更新、更多的技术紧密地结合，共同推动科技的发展和社会的进步。

1.2.2　虚拟现实技术的国内外现状

虚拟现实技术作为近年来科技领域的热点之一，技术进步与应用场景扩展推动了虚拟现实技术在全球范围内的显著发展，正在逐步拓展到各个领域，为人类的生活和工作带来了前所未有的变革。

1.2.2.1　国内现状

在我国，虚拟现实技术的发展得到了政府、企业和研究机构的广泛关注和大力支持。近年来，随着5G、人工智能等技术的快速发展，国内虚拟现实技术也取得了显著的进步。

首先，在设备方面，我国已经涌现出一批具有竞争力的虚拟现实设备供应商。这些企业不仅在硬件研发和生产方面取得了显著成果，而且在应用软件、内容和服务等方面形成了完整的产业链。这些企业还积极与国际知名企业合作，共同推动虚拟现实技术的创新和发展。

其次，在应用方面，我国虚拟现实技术已经广泛应用于教育、医学、娱乐、工业制造等多个领域。在教育领域，虚拟现实技术为远程教育、职业培训等提供了全新的解决方案；在医学界也引入了虚拟现实技术。

最后，国内虚拟现实技术的发展得到了政府政策支持。政府出台了一系列相关政策，鼓励虚拟现实技术的创新和应用，为产业发展提供了良好的环境。同时，我国还建立了多个虚拟现实产业基地和创新中心，为产业发展提供了有力的支撑。

然而，我国虚拟现实技术在发展过程中也面临着一些挑战。例如，硬件设备的性能和品质仍需进一步提升；内容制作和应用开发方面仍存在短板；用户体验和互动性等方面还有较大的提升空间。

1.2.2.2 国外现状

国外虚拟现实技术的发展较早，技术水平和产业规模目前暂时处于领先地位。

首先，在设备方面，国外厂商在虚拟现实设备的研发和生产方面具有较高的技术水平。他们不断推出性能更优越、体验更真实的虚拟现实设备，满足了不同用户的需求。同时，他们还注重将虚拟现实技术与其他新技术的融合，如与人工智能、物联网等技术的融合，为虚拟现实技术的发展注入了新的活力。

其次，在应用方面，国外虚拟现实技术的应用范围同样广泛。除娱乐、游戏等领域之外，还涉及教育、医学、军事等多个方面。

最后，在研发方面，国外还很关注虚拟现实技术的推进与改革。许多知名企业和研究机构都在积极投入虚拟现实技术的研发工作中，推动技术的不断创新和进步。他们不仅在硬件和应用软件等方面取得了显著成果，而且在商业模式和市场拓展等方面进行了积极的探索。

然而，国外虚拟现实技术的发展也同样面临着一些挑战。例如，随着虚拟现实技术的普及和应用场景的不断拓展，如何保障用户的数据安全和隐私是一个重要的问题；同时，虚拟现实技术的应用成本仍然较高，限制了其在一些领域的应用。

1.2.3 虚拟现实技术的未来展望

随着科技的不断进步和人们对沉浸式体验需求的日益增长，虚拟现实技术正迎来前所未有的发展机遇。展望未来，虚拟现实技术有望在硬件性能、应用场景、内容创新等方面取得更加显著的突破，为人们带来更加丰富的体验和更大的便利。

1.2.3.1 硬件性能的大幅提升

虚拟现实技术的硬件性能将得到大幅提升。随着计算机硬件技术的不断进步，未来虚拟现实设备将拥有更高的分辨率、更广的视场角、更低的延迟和更舒适的佩戴体验。此外，随着传感器和交互设备的不断更新迭代，虚拟现实系统将能够更准确地捕捉用户的动作和意图，实现更自然和流畅的交互体验。

另外，未来的虚拟现实设备将更加轻便、小巧，甚至可能实现无线化，让用户能够随时随地沉浸在虚拟环境中。同时，随着新型显示技术（如柔性显示、透明显示等）的不断涌现，虚拟现实设备的形态和功能也将更加丰富多样。

1.2.3.2 应用场景的广泛拓展

随着技术的不断进步，虚拟现实技术不仅在游戏、娱乐、教育等行业展现了其独特魅力，而且在医学、军事、工业设计等领域展现出广阔的应用前景。随着虚拟现实技术的不断发展，它与其他新技术的融合也将成为趋势。例如，虚拟现实技术与物联网技术的结合将使得虚拟世界与现实世界的交互更加紧密；与人工智能技术的结合将使得虚拟现实系统能够更智能化地理解用户需求并提供个性化服务；与5G、云计算等新一代信息技术的结合将使得虚拟现实应用的传输速度和稳定性得到大幅提升。这些都为虚拟现实技术应用场景的广泛拓展提供了支持。

1.2.3.3 内容创新的不断突破

除硬件性能的提升和应用场景的拓展之外，内容创新也将是未来虚拟现实技术发展的重要方向。随着虚拟现实内容制作工具和平台的不断完善，越来越多的创作者将能够轻松地制作出高质量的虚拟现实内容。这些内容将涵盖游戏、电影、动画、音乐、生活等多个领域，为用户提供更加丰富和多元的体验。

随着技术进步与用户偏好的演变，虚拟现实应用正逐渐转向为用户提供更加个性化、定制化的内容，满足用户对虚拟环境的独特追求，实现更加沉浸和自由的体验。

1.2.3.4 面临的挑战与问题

虚拟现实技术在未来发展中也面临着一些挑战和问题。首先，技术瓶颈仍需突破。虽然虚拟现实技术已经取得了显著的进步，但在图像渲染、物理模拟、人机交互等方面仍存在诸多不足。其次，数据安全和隐私保护问题也不容忽视。随着虚拟现实技术的广泛应用，用户的个人信息和隐私数据将面临更大的泄漏风险。最后，虚拟现实技术的成本和市场接受度也是制约其发展的重要因素。

总之，虚拟现实技术的未来发展充满了无限可能，将为人们营造更加丰富多彩的虚拟世界，不仅能够满足人们的娱乐需求，还能够在教育、医学、工业设计等多个领域发挥重要作用。

1.3 虚拟现实技术的应用领域

虚拟现实技术作为计算机领域的杰出代表，正以其独特的魅力，逐渐渗透到我们生活的方方面面。从教育培训、娱乐游戏，到医学康复、工业设计，再到军事与航空航天，其应用领域广泛，影响深远。

1.3.1 教育领域

随着信息技术的迅猛发展，虚拟现实技术以其沉浸性、交互性和真实性的特点，在教育领域中的应用逐渐崭露头角，为传统教育模式带来了革命性的变革，为教育领域提供了全新的教学手段和学习体验，为培养创新型人才提供了有力支持。

1.3.1.1 优势

虚拟现实技术通过构建三维虚拟环境，将抽象的知识以直观、形象的方式呈现给学习者，使学习过程更加生动、有趣。相较于传统的教学方式，应用了虚拟现实技术的新型教学方式具有以下显著优势。

1. 沉浸性。

虚拟现实技术让学习者享受沉浸式学习。这种沉浸式学习环境，能显著激发学习者的兴趣与积极性，进而提升学习成效。

2. 交互性。

虚拟现实技术能够实现学习者与虚拟环境的实时互动，让学习者在探索、实践的过程中掌握知识和技能。这种交互性的教学方式有助于培养学习者的自主学习能力和创新精神。

3. 真实性。

虚拟现实技术能够模拟真实世界的物理特性和行为规律，使学习者在虚拟环境中进行实践操作，达到与真实世界相似的实践效果。这种真实性强的虚拟环境有助于提高学习者的动手实践能力和问题解决能力。

1.3.1.2 应用场景

虚拟现实技术在教育领域的应用范围广泛，涵盖多个学科和教学环节。以下是一些典型的应用场景。

1．虚拟课堂与远程教学。

利用虚拟现实技术构建虚拟课堂，实现远程实时互动教学。教师可以通过虚拟课堂为学习者呈现丰富的教学资源，包括三维模型、动画演示、虚拟实验等，使教学过程更加生动。同时，学习者可以随时随地通过虚拟现实设备参与课堂讨论、完成作业等，学习方式灵活多样。

2．虚拟实验室与模拟实验。

针对一些难以在现实环境中进行的实验操作，虚拟实验室可以让学习者模拟实验操作、观察现象并分析结果。在这个虚拟环境中，学习者可以体验各种实验，无需真实的实验器材。这种方式不仅降低了实验成本和安全风险，还为学习者提供了更多的实践机会和实验探索空间。

3．虚拟实训与职业体验。

对职业教育和技能培训而言，虚拟现实技术可以构建虚拟实训环境，模拟真实的工作场景和操作流程。学习者能在虚拟实训环境中训练职业技能，提升职业素养和实践能力。此外，虚拟现实技术为学习者提供职业体验机会，让学习者在虚拟环境中体验不同职业的感受并了解相关要求，为未来的职业规划提供参考。

4．虚拟博物馆。

利用虚拟现实技术构建虚拟博物馆，将珍贵的历史文物和文化遗产以三维模型的形式呈现在学习者面前。学习者可以通过虚拟博物馆更加直观地了解历史文化的渊源和发展，感受优秀文化的魅力和价值。这种虚拟博物馆的形式不仅丰富了教学内容和手段，还有助于传承和弘扬优秀文化。

1.3.1.3　发展前景

在教育领域，未来虚拟现实技术在以下三个方面将取得更大的突破。

1．技术集成与融合。

虚拟现实技术将与人工智能、大数据等先进技术进行深度融合，为教育领域提供更加智能、高效的教学支持。

2．个性化学习与智能辅导。

虚拟现实技术可以收集学习者的学习数据和行为特征，实现个性化学习路径的推荐和智能辅导功能，从而提高学习者的学习效果和满意度。

3．跨界合作与资源共享。

随着教育与产业界合作与交流的增多增强，虚拟现实技术将得到进一步研发和应用，最终实现教育资源的共享和优化配置。

虚拟现实技术在教育领域中的应用具有巨大的价值和潜力。积极探索和创新虚拟现实技术在教育领域的应用模式和方法，是培养创新型人才和推动教育现代化的重要手段。

1.3.2 娱乐领域

当前，娱乐产业作为文化产业的重要组成部分，已经深入到人们的日常生活中。虚拟现实技术以其独特的沉浸式和交互性特点，为娱乐产业带来了革命性的变化。通过虚拟现实技术，用户可以置身于一个全新的虚拟世界，创建虚拟角色，与其他虚拟角色互动，享受沉浸式的娱乐体验。这种创新的应用方式既丰富了娱乐内容，也提高了用户的参与感和满足感。

1.3.2.1 游戏产业的应用案例

在游戏产业中，虚拟现实技术的应用尤为突出。以《头号玩家》这部电影为例，它讲述了一个充满想象力的虚拟游戏世界，玩家可以穿戴虚拟现实设备，进入其中，并与其他玩家进行互动和竞技。这种沉浸式的游戏体验让玩家感受到了前所未有的刺激和乐趣。

现实生活中的游戏产业也在不断探索虚拟现实技术的应用。例如，某知名游戏公司推出的VR游戏《节奏光剑》就受到了广大玩家的喜爱。这款游戏利用虚拟现实技术，让玩家在虚拟环境中随着动感的音乐节奏挥舞光剑切割飞来的方块。这种身临其境的游戏体验不仅让玩家感受到了强烈的代入感和刺激感，而且提高了游戏的趣味性和挑战性。

1.3.2.2 影视领域的应用案例

除游戏产业之外，虚拟现实技术在影视领域也有着广泛的应用。传统的影视观看方式往往是观众被动地接受画面和声音的刺激，而虚拟现实技术可以让观众沉浸式观看影视作品甚至融入到影视作品的情境中。

以虚拟现实电影《深海挑战》为例，这部作品通过虚拟现实技术将观众带入到了深海探险的情境中。观众通过穿戴虚拟现实设备，可以亲身体验潜水员在深海中的探险过程，感受到深海的神秘和壮美。这种沉浸式的观影体验让观众仿佛置身于电影中，与电影角色一同经历冒险和挑战，极大地提升了观影的趣味性。

此外，虚拟现实技术还可被用于打造虚拟演唱会。例如，通过虚拟现实技术，观众可以进入到一个虚拟的演唱会场景中，不仅能身临其境地近距离观看演唱会，而且还能与歌手进行互动和合影。这种全新的观看方式既让观众更加接近歌手，也让演唱会的形式更加多样化和创新化。

1.3.2.3 音乐与舞蹈领域的应用案例

在音乐与舞蹈领域，虚拟现实技术同样展现出了其独特的魅力。通过虚拟现实技术，音乐家和舞者可以在虚拟环境中进行创作和表演，为观众带来全新的艺术体验。

在音乐领域，一些音乐家利用虚拟现实技术举办虚拟音乐会，让观众可以在家中通过虚拟现实设备观看高质量的演出。这种虚拟音乐会既打破了空间限制让更多的观众能够观看到演出，也为音乐家提供了更广阔的表演舞台和空间。

在舞蹈领域，虚拟现实技术为舞者提供了全新的表演方式。舞者可以在虚拟环境中进行舞蹈创作和表演，通过虚拟现实技术呈现出更加生动和逼真的舞蹈效果。这种创新的表演方式既让舞蹈更具有观赏性和艺术性，也为舞者提供了更多的创作灵感和表演机会。

虚拟现实技术在娱乐领域的应用已经取得了显著的成果，呈现出不断扩展的趋势，并给观众带来了前所未有的体验。未来，虚拟现实技术将在娱乐领域继续发挥重要的作用，为人们带来更多的惊喜和乐趣。

1.3.3 医学领域

虚拟现实技术在医学领域的应用正逐渐引起人们的关注。虚拟现实技术通过构建三维虚拟环境，为患者提供了一个安全、可控的康复训练平台。在这个平台上，患者可以进行各种运动训练、日常生活技能练习及认知功能康复，从而促进身体的康复和功能的恢复。此外，虚拟现实技术还可以根据患者的具体情况，制定个性化的康复方案，提高康复效果。

1.3.3.1 运动康复案例

对脑卒中（俗称中风）患者来说，运动功能的恢复是康复过程中的重要环节。传统的运动康复方法往往需要在专业人员的指导下进行，且训练过程较为枯燥。而虚拟现实技术可为患者提供更加有效的运动康复方案。

以某医院为例，他们采用了一款基于虚拟现实技术的运动能力康复系统。该系统通过模拟日常生活中的各种运动场景（如走路、上下楼梯、骑自行车等），让患者在虚拟环境中进行运动康复训练。在康复训练过程中，系统会根据患者的运动表现，实时调整训练难度和强度，确保患者能够得到最有效的康复训练。通过一段时间的训练，患者的运动功能得到了明显的改善，生活质量也得到了提高。

1.3.3.2 神经康复案例

神经康复专注于神经系统疾病或损伤后的功能障碍恢复，是医学领域的重要分支。虚拟现实技术在神经康复中的应用也取得了显著的成果。

例如，有一位因脑损伤导致手部运动功能受损的患者，在传统康复方法效果不佳的情况下，尝试使用了基于虚拟现实技术的神经康复系统。该系统通过模拟手部抓握等动作，让患者在虚拟环境中进行手部功能康复训练。在康复训练过程中，系统会根据患者的手部运动表现，提供实时反馈和指导，帮助患者逐步恢复手部功能。经过一段时间的训练，这位患者的手部运动功能得到了明显的改善，并能够独立完成一些简单的手部动作。

1.3.3.3 疼痛管理案例

疼痛管理是医学领域中的一个重要环节，对缓解患者的疼痛感、提高其生活质量具有重要意义。虚拟现实技术在疼痛管理中的应用展现出了独特的优势。

例如，有一位慢性疼痛患者，长期受到疼痛的困扰，生活质量严重下降。在尝试了多种传统的疼痛管理方法后，效果并不理想。后来，患者开始尝试使用基于虚拟现实技术的疼痛管理系统。该系统通过模拟一些自然美景或放松场景（如海滩、森林等），让患者在虚拟环境中进行放松康复训练。在康复训练过程中，患者可以通过视觉、听觉等多种感官体验，逐渐放松身心，减轻疼痛感受。经过一段时间的训练，患者的疼痛感得到了明显的缓解，生活质量也得到了提高。

虚拟现实技术在医学领域的应用具有诸多优势，为患者提供了更加安全、有效、个性化的康复方案，能为患者提供实时反馈与指导，提高患者参与度。然而，虚拟现实技术医学领域的发展也不可避免地面临着一些挑战，如技术成本较高、需要专业人员指导等。因此，在未来的发展过程中，虚拟现实技术需要进一步加强技术研发和推广应用，降低技术成本，扩大受益群体。

1.3.4 工业设计领域

虚拟现实技术以其强大的模拟和交互功能，使得设计师能够在虚拟环境中进行产品设计的预览、测试和优化，从而大大提高了设计的质量和效率，为工业设计带来了诸多优势。首先，虚拟现实技术能够模拟真实环境，使得设计师直观地看到设计成果在实际环境中的表现，从而更好地评估设计的可行性。其次，虚拟现实技术具有强大的交互性，设计师可以在虚拟环境中对产品进行实时修改，实现设计的即时反馈和优化。最后，虚拟现实技术可被用于产品测试，通过模拟实际使用场景，发现设计中可能存在的问题并进行改进。

1.3.4.1 产品原型设计与预览

在传统的工业设计过程中，设计师通常需要制作物理样品来验证设计的可行性。这种方法不仅耗时耗力，而且成本高昂。虚拟现实技术则能帮助设计师在虚拟环境中快速构建产品原型，设计师通过头戴式显示器和手柄等设备，在虚拟环境中对产品原型进行全方位的查看和操作，从而更加直观地了解设计效果。

例如，在汽车设计领域，设计师可以利用虚拟现实技术构建汽车的三维模型，并在虚拟环境中进行预览和调整。同时，设计师可以模拟汽车在不同场景下的表现，如行驶在山路、高速公路等环境中的动态效果，从而更加准确地评估产品的性能及其可靠性。

1.3.4.2 人机交互设计与优化

人机交互设计是工业设计中的重要一环，涉及产品的界面设计及与用户之间的交互方式设计。虚拟现实技术可以帮助设计师更好地设计产品界面和优化人机交互方式。通过虚拟现实技术，设计师可以模拟用户的操作过程，观察用户在使用产品时的行为操作，从而发现设计中存在的问题并进行改进产品。

以智能家电设计为例，设计师可以利用虚拟现实技术构建智能家电的虚拟模型，并模拟用户在使用过程中的操作场景。通过观察和分析用户在虚拟环境中的操作行为，设计师可以发现用户在使用智能家电时可能遇到的问题，进而对产品的界面布局和交互设计进行优化，提升用户体验。

1.3.4.3 产品测试与评估

虚拟现实技术可以用于产品的测试和评估。在虚拟环境中，设计师可以模拟实际使用场景，对产品进行全方位的测试和评估，包括性能测试、耐用性测试等，在产品实际生产前发现潜在的问题并进行改进，从而避免在实际生产中出现不必要的损失。

例如，在汽车领域，设计师可以利用虚拟现实技术对发动机进行测试和评估。通过模拟发动机在不同路况条件件下的运行情况，设计师可以据此评估汽车的性能和安全性，发现并解决潜在的设计问题。这不仅减少了实际测试的成本，而且提高了测试的效率。

1.3.4.4 案例分析

以某手机品牌为例，该品牌采用了虚拟现实技术设计手机。首先，设计师利用虚拟现实技术构建了手机的三维模型，并在虚拟环境中进行了预览和调整。其次，设计师通过虚拟现实技术模拟了用户在使用手机时的各种场景，如拨打电话、浏览网页、观看视频、玩游戏等，以评估手机的交互设计可行性和用户体验。最后，设计师利用虚拟现实技术对手机进行了虚拟测试，发现并解决了潜在的性能和耐用性等问题。通过这一系列的虚拟现实技术应用，该品牌成功推出了一款备受用户好评的新款手机。

虚拟现实技术在工业设计领域展现出广阔的应用潜力。虚拟现实技术在产品原型设计与预览、人机交互设计与优化、产品测试与评估等方面都发挥了重要作用。未来虚拟现实技术将在工业设计领域发挥更加重要的作用，推动工业设计的创新与发展。

1.3.5 军事与航空航天领域

在科技日新月异的今天，军事与航空航天领域发展迅速，虚拟现实技术在其中正迎来前所未有的发展机遇。虚拟现实技术为军事训练和航空航天事业带来了革命性的变革。

1.3.5.1 军事领域案例

虚拟现实技术在军事领域中的应用，是利用计算机技术和虚拟现实设备，模拟实际战场环境和作战行动。在安全可控环境下进行实战模拟，能有效提升作战能力和应对复杂战场环境的能力。

以某国陆军为例，他们利用虚拟现实技术开发了一款名为“虚拟战场训练系统”的应用软件。士兵可以通过头戴式显示器和手柄等设备进入虚拟战场进行演练。在这个虚拟战场中，士兵可以进行各种战术行动的训练，如火力压制、侦察、突击、防御等。这种虚拟训练不仅可以帮助士兵熟悉战场环境，提高战术技能，而且可以增强他们的反应速度和团队协作能力。通过长时间的虚拟训练，士兵的实战能力能够得到显著提升，为未来实际的作战行动打下坚实的基础。

除地面战斗训练之外，军事模拟在飞行训练中也发挥着重要作用。以某国空军为例，他们利用虚拟现实技术开发了一款名为“飞行模拟器”的应用软件。飞行员可以通过头戴式显示器和操纵杆进行虚拟飞行训练，感受到真实的飞行体验。在这个虚拟环境中，飞行员可以进行各种飞行任务的训练，如起降、空中作战、紧急情况处理等。这种虚拟训练不仅能提高飞行员的飞行技能，而且能增强他们在复杂情况下的应对能力。

1.3.5.2 航空航天领域案例

航空航天领域包含航空制造业、军用航空和民用航空。航空制造业是基石，利用尖端技术制造多种航空器，满足军用和民用需求；军用航空涉及空中军事任务，是国防的重要支柱；民用航空与人们日常生活息息相关，主要包括航空运输与通用航空两大部分。

在航空制造领域，虚拟现实技术为设计、制造和测试提供了全新的方法。设计师可以在虚拟环境中构建航空器的三维模型，进行各种虚拟的性能分析、测试和优化。这不仅缩短了研发周期，而且降低了成本。同时，通过虚拟测试，设计师可以在产品实际生产前发现潜在的问题并进行改进，以提高产品的质量和可靠性。

在军用航空方面，虚拟现实技术为飞行员提供了逼真的飞行模拟训练。飞行员可以在虚拟环境中进行各种飞行任务的演练，如空中侦察、目标打击、编队飞行等。此外，虚拟现实技术还可以模拟敌方飞行器的行为和战术，帮助飞行员熟悉并应对各种潜在威胁。

在民用航空方面，虚拟现实技术为航空运输和通用航空提供了创新的服务模式。

航空运输又可分为航空客运和航空货运，在航空客运中，虚拟现实技术可以用于模拟机舱环境，为乘客提供沉浸式的娱乐体验；在航空货运中，虚拟现实技术可以用于模拟货物的装卸和运输过程，找出最佳的运输方式以提高物流效率。

在通用航空中，虚拟现实技术可以用于飞行器的操作、维护和培训，提高飞行员和地勤人员的专业技能。如某航空公司在飞行员培训中采用了虚拟现实技术。通过构建逼真的飞行模拟环境，飞行员可以在虚拟环境中进行各种飞行任务的训练。这种虚拟训练不仅能提高飞行员的飞行技能，而且能降低实际飞行训练中的风险。同时，通过收集和分析飞行员的训练数据，航空公司还可以对飞行员的训练效果进行量化评估，为个性化培训提供依据。

总之，军事与航空航天领域在虚拟现实技术的推动下，正迎来新的发展机遇。通过虚拟训练和仿真研究，军事人员可以提高作战能力和应对复杂情况的能力。而航空制造业借助虚拟现实技术可以提高产品的质量和性能；军用航空应用虚拟现实技术能够提高飞行员的作战能力；民用航空通过虚拟现实技术可以提高服务水平和运营效率。

课后习题

一、单选题

1. 虚拟现实技术的核心特性不包括（　　）

   A. 沉浸感

   B. 交互性

   C. 单一感知性

   D. 想象性

2. 下列不属于虚拟现实系统组成部分的是（　　）

   A. 头戴式显示器

   B. 传感器

   C. 交互手柄

   D. 传统电视

3. 在下列领域中，虚拟现实技术没有应用的是（　　）

   A. 教育

   B. 医学

   C. 工业设计

   D. 农业

4. 增强现实技术、混合现实技术和虚拟现实技术的主要区别在于（　　）

   A. 显示技术

   B. 用户的沉浸程度

   C. 硬件设备

   D. 软件平台

5. 虚拟现实技术未来发展的趋势不包括（　　）

   A. 硬件性能的大幅提升

   B. 应用场景的广泛拓展

   C. 完全取代真实世界的社交和工作

   D. 内容创新的不断涌现

二、多选题

1．虚拟现实技术在下列领域中有应用潜力的是（　　）

A．教育

B．娱乐

C．军事训练

D．建筑设计

2．虚拟现实技术系统的硬件设备通常包括（　　）

A．高分辨率显示屏

B．头部追踪系统

C．力反馈手套

D．声音识别系统

三、简答题

1．简述虚拟现实技术如何改变教育领域的教学方式。

2．描述虚拟现实技术在医学领域的应用及其对患者康复的潜在影响。

02

第2章

虚拟现实系统的硬件设备和相关软件工具

虚拟现实技术的硬件设备和相关软件工具是虚拟现实技术的基础。本章从硬件设备着手，详细介绍了头戴式显示器、控制器与传感器等设备的工作原理和分类，以及计算机配置要求。随后介绍虚拟现实软件工具，阐述了虚拟现实软件工具的重要性，并分类讨论了虚拟现实引擎、编辑器、播放器和开发工具包的功能和应用，以帮助读者了解功能完备的虚拟现实系统概念。

2.1 头戴式显示器

头戴式显示器作为常见的视觉辅助设备，在科技领域中发挥着重要作用。头戴式显示器可适应不同的应用场景，为人们提供了更为便捷和舒适的视觉体验。

头戴式显示器作为虚拟现实技术的核心输出设备，近年来得到了广泛的关注和应用，如图2-1所示。头戴式显示器将虚拟图像直接呈现在用户眼前，为用户创造了一种沉浸式的视觉体验。头戴式显示器通过高分辨率显示屏、宽广的视野和低延迟技术，使得用户能够更加逼真地感受虚拟环境的细节和动态，为用户带来了全新的视觉享受和交互体验，被广泛应用于娱乐游戏、教育培训、工业设计等领域。

在应用场景方面，头戴式显示器在娱乐游戏领域具有得天独厚的优势，这项技术能让玩家沉浸在游戏体验中，仿佛亲身进入了游戏的世界。在教育培训领域，头戴式显示器也发挥着重要作用，通过模拟真实教学场景和情境，帮助学习者更好地理解和掌握知识。

未来，头戴式显示器将继续在技术和应用上实现突破和创新。随着虚拟现实技术的不断发展，头戴式显示器将在图像质量、交互体验、舒适度等方面实现进一步提升，为用户带来更加真实、自然的虚拟世界体验。同时，随着人工智能、物联网等技术的融合应用，头戴式显示器有望在更多领域发挥重要作用，如医学、军事、航空航天等。

图2-1　酷炫的头戴式显示器

2.1.1 头戴式显示器的基本原理

头戴式显示器作为现代科技的重要成果，其基本原理是基于一系列光学、电子信息和计算机技术的深度融合。头戴式显示器通过精密的光学系统、高分辨率显示屏及传感器和跟踪系统的协同作用，将计算机生成的虚拟图像呈现在用户的眼前，为用户带来沉浸式的视觉体验。

首先，头戴式显示器采用了一种精密的光学系统。这个光学系统具有一组高质量的透镜，作用类似于放大镜，能够将超微显示屏上的图像放大，并投射到用户的视网膜上。这种投射原理类似于传统的投影仪，但不同的是，头戴式显示器的透镜设计更加精细，可以确保图像的清晰度和色彩还原度。

头戴式显示器透镜的放大作用可以用以下公式表示：

$$M=\frac{f}{u}$$

其中，M是放大倍数，f是透镜的焦距，u是物体到透镜的距离。通过调整这些参数，头戴式显示器可以精确地控制图像的放大效果，以适应不同用户的视力需求。

其次，头戴式显示器采用了高分辨率的显示屏。这种显示屏的像素密度极高，能够为用户呈现出更加细腻和真实的图像。显示屏的分辨率通常用以下公式表示：

$$分辨率=水平像素数\times垂直像素数$$

高分辨率意味着有更多的像素点来呈现图像，从而提高了图像的清晰度和细节表现。

再次，头戴式显示器配备了传感器和跟踪系统等模块。这些模块能够实时监测用户头部的位置和动作变化，并将这些信息传输给计算机。计算机根据这些数据调整虚拟图像的呈现方式，确保用户的视觉效果与头部动作保持同步。这种同步性是通过一系列复杂的算法和计算实现的，确保了虚拟环境的真实感和互动性。

最后，头戴式显示器还注重舒适性和便捷性。它采用轻量化材料，确保用户长时间佩戴也不会感到疲劳。同时，头戴式显示器还具备调节焦距和瞳距的功能，以适应不同用户的视力需求。这些设计都是为了确保用户在使用过程中的舒适性和便捷性。

2.1.2 头戴式显示器的分类

根据显示技术的不同，目前市场上主流的头戴式显示器主要分为两类：基于液晶显示技术的头戴式显示器和基于激光扫描技术的头戴式显示器。

2.1.2.1 基于液晶显示技术的头戴式显示器

基于液晶显示技术的头戴式显示器采用了液晶显示屏作为图像显示元件。其中，最典型的产品就是Oculus Rift和HTC Vive等高端虚拟现实设备。这些设备采用了高分辨率的液晶显示屏，提供了广阔的视场角和出色的色彩表现，为用户带来了身临其境的虚拟视觉体验。同时，这些设备还支持头部追踪和手势识别等交互技术，进一步增强了用户的沉浸感和交互性。

2.1.2.2 基于激光扫描技术的头戴式显示器

基于激光扫描技术的头戴式显示器采用了激光扫描技术来生成图像。其中，最具代表性的产品就是Magic Leap等。这些设备通过激光扫描器将光线投射到用户的视网膜上，生成图像。相比于传统的液晶显示技术，激光扫描技术具有更高的亮度和对比度，能够呈现出更加逼真的虚拟环境。同时，激光扫描技术还具有更低的延迟和更高的刷新率，使得用户的视觉体验更加流畅和自然。

2.1.3 头戴式显示器的选购

在选择头戴式显示器时，用户需要根据自己的需求和预算进行综合考虑。一般可以从以下角度进行考虑。

2.1.3.1 分辨率

分辨率越高，显示的图像就越清晰。一般来说，选择具有较高分辨率的头戴式显示器可以获得更好的视觉体验。

2.1.3.2 视场角

视场角越大，用户能够看到的虚拟环境范围就越广。因此，选择具有较大视场角的头戴式显示器可以增强用户的沉浸感。

2.1.3.3 舒适度

因为头戴式显示器需要长时间佩戴在头上，所以舒适度是非常重要的考虑因素。

用户在选购时应该选择适合自己头型的轻便的佩戴舒适的设备。

2.1.3.4 兼容性

不同的头戴式显示器所支持的虚拟现实平台和游戏可能不同。用户在购买时应该确认该设备是否能兼容自己的虚拟现实系统和使用需求。

总的来说，头戴式显示器作为虚拟现实系统的核心设备之一，性能和质量对用户的虚拟现实体验有至关重要的影响。用户在购买时应该根据自己的需求和预算进行综合考虑，选择适合自己的设备。

2.1.4 产品案例：Oculus Quest 2

Oculus Quest 2是一款高性能的虚拟现实头戴式显示器，凭借出色的性能、便捷的无线设计和相对亲民的价格，在市场上受到了广泛的欢迎。

Oculus Quest 2采用了高分辨率的LCD（Liquid Crystal Display，液晶显示器）显示屏，拥有广阔的视场角和出色的色彩表现。同时，Oculus Quest 2还支持头部追踪和手势识别等交互技术，为用户带来了沉浸式的虚拟现实体验。此外，Oculus Quest 2还内置了高性能的处理器和图形卡，可以流畅运行各种虚拟现实应用和游戏。

2.2 控制器与传感器

在虚拟现实系统中，控制器和传感器是实现用户与虚拟环境交互的关键组件。它们捕捉用户的动作和输入信息，再将这些信息转化为数字信号，进而驱动虚拟环境中的响应和反馈。随着技术的不断发展，控制器和传感器的性能与精度也在不断提升，将为用户提供更加自然和真实的交互体验。

2.2.1 控制器的工作原理与分类

2.2.1.1 工作原理

控制器一般通过内置的传感器来捕捉用户的动作和输入信息。这些内置传感器可以检测用户的手部运动、手指姿势、身体姿态等，并将这些信息转化为电信号或数字信号，传输给虚拟现实系统进行处理。虚拟现实系统根据接收到的信号实时更新虚拟环境中的对象状态，从而实现用户与虚拟环境的交互。

2.2.1.2　分类

根据捕捉信息输入类型和用途的不同，控制器可以分为多种类型。常见的包括以下四种。

1. 手柄控制器。

如Oculus Touch、HTC Vive的控制器等，它们通常配备有触觉反馈马达和操作按钮，可用于模拟用户的手部运动和交互。

2. 全身追踪系统。

如OptiTrack、Vicon等，通过多个摄像头捕捉用户身体上的标记点，实现用户全身动作的精确追踪。

3. 头部追踪器。

头部追踪器内置于头戴式显示器中，用于追踪用户的头部运动，确保用户在虚拟环境中视线的准确性。

4. 声音识别系统。

声音识别系统内置于头戴式显示器中，通过识别用户的语音命令来控制虚拟环境中的对象或执行用户的指令。

2.2.2　传感器的工作原理、作用与应用

2.2.2.1　工作原理

传感器是一种检测装置，能够感知外部环境或物体的物理量（如温度、压力、光强等），并将这些物理量转换为电信号或其他所需形式的信息输出，以便进行测量、监控和控制。传感器的工作原理通常基于物理效应，如电阻、电容、电感的变化，或者光电效应、热电效应等。

传感器的类型根据所测物理量可分为温度、压力、光、位移、速度、加速度、湿度、化学、生物和力等传感器。

2.2.2.2　作用

传感器在虚拟现实系统中发挥着至关重要的作用。它们不仅能够捕捉用户的动作和输入信息，而且能够感知用户所处的环境，为虚拟现实系统提供必要的上下文信息，实现精确的用户跟踪、环境模拟和交互反馈等功能。

2.2.2.3 应用

以Oculus Quest 2为例，这款头戴式显示器内置了多种传感器，包括加速度计、陀螺仪和光学传感器等。加速度计和陀螺仪用于捕捉用户的头部运动和姿态，确保用户在虚拟环境中视线的准确性；光学传感器则用于实现室内定位和环境感知，让用户能够在虚拟环境中自由移动而不受物理空间的限制。

2.2.3 控制器与传感器的选购

在选购控制器和传感器时，用户主要需要考虑以下四个因素。

2.2.3.1 兼容性

确保所选的控制器和传感器与用户使用的虚拟现实系统兼容，能够实现顺畅的交互体验。

2.2.3.2 精度与稳定性

选择具有高精度与稳定性的控制器和传感器，以确保用户动作被准确地捕捉和虚拟环境的稳定呈现。

2.2.3.3 舒适性与耐用性

考虑控制器和传感器佩戴的舒适性与耐用性，确保用户长时间使用时的舒适性和可靠性。

2.2.3.4 价格与性价比

用户应根据自身的预算和需求，选择性价比高的控制器和传感器，以获得相对较佳的虚拟现实体验。

2.2.4 控制器与传感器的发展趋势

控制器与传感器在虚拟现实系统中扮演着至关重要的角色。它们不仅实现了用户与虚拟环境的交互，而且提供了精确的环境感知和反馈机制。

随着技术的不断进步和创新，控制器和传感器在虚拟现实系统中的应用将越来越广泛。未来控制器和传感器将实现更加自然、直观和智能的交互方式，如基于手势识别的控制器、全身触觉反馈系统等。控制器和传感器的发展将显著增强虚拟现实系统的沉浸感和互动性，为用户提供更加逼真和多样化的虚拟体验。

2.3 计算机配置要求

虚拟现实系统的运行离不开高性能计算机系统的支持。为了获得流畅、逼真的虚拟现实体验，用户需要确保他们的计算机满足一定的配置要求。下文将详细探讨虚拟现实的计算机配置要求，并结合具体产品案例进行说明。

2.3.1 中央处理器与内存

中央处理器与内存是影响虚拟现实系统性能的关键因素。为了获得良好的虚拟现实体验，用户需要选择具备强大运算能力和足够内存的计算机。

以Intel Core i7系列处理器和16 GB及以上的内存为例，这样的配置可以确保计算机系统流畅运行大型虚拟现实应用和游戏。例如，当使用高端虚拟现实设备（如Oculus Rift S或HTC Vive）时，强大的处理器和足够大的内存能够确保图像渲染的速度和精度，从而减少延迟和卡顿现象。

2.3.2 显卡与显卡内存

显卡是虚拟现实系统中至关重要的组件之一，负责实时渲染虚拟环境中的三维图形和图像。显卡的性能直接影响到虚拟现实体验的质量。

大型虚拟现实应用通常需要显卡具备较高的运算能力和较大的内存容量。以NVIDIA的GeForce RTX系列显卡为例，这系列显卡采用了先进的图形处理架构和大容量的显卡内存，能够轻松应对复杂的虚拟现实场景和高质量的图像渲染需求。

2.3.3 存储空间与数据传输速率

虚拟现实应用通常会占用较大的存储空间，且需要较高的数据传输速率来确保流畅的体验。因此，用户需要选择具备足够大的存储空间和高速数据传输速率的计算机。

例如，配备固态硬盘（Solid State Disk或Solid State Drive，简称SSD）的计算机可以显著提高系统的响应速度和游戏的加载速度；具备大容量存储空间硬盘的计算机则可以满足用户安装多个虚拟现实应用和游戏的需求。

2.3.4 操作系统的兼容性

虚拟现实系统通常需要在特定的操作系统上运行，并要求计算机具备与虚拟现实设备兼容的接口和驱动程序。

目前，大多数虚拟现实设备都支持Windows操作系统。因此，用户需要选择运行Windows 10或更高版本的计算机。此外，还需要确保计算机具备与虚拟现实设备兼容的USB接口和显示输出接口（如HDMI或DisplayPort），并安装相应的驱动程序和应用软件。

2.3.5 计算机的散热性与扩展性

虚拟现实系统在高负荷运行时会产生大量的热量，因此，要求计算机具备良好的散热性能。用户需要选择配备高效散热系统（如风扇、散热器或水冷系统）的计算机，以确保虚拟现实系统在长时间运行过程中保持稳定性和可靠性。

此外，考虑到未来可能的硬件升级需求，用户还应关注计算机配置的扩展性。用户需要选择具备足够多的插槽和接口的主板，以便将来能够升级中央处理器、内存、显卡等关键硬件组件。

2.3.6 产品案例：宏碁Predator Helios 300笔记本电脑

宏碁Predator Helios 300作为一款专为游戏和虚拟现实应用设计的笔记本电脑，很好地满足了虚拟现实系统对计算机系统的要求。它搭载了高性能的Intel Core i7中央处理器和大容量内存，确保了虚拟现实系统的高效运行；配备NVIDIA GeForce GTX系列显卡，提供了出色的图形处理能力；采用固态硬盘和高速数据传输接口，确保了快速的系统响应和加载速度；同时支持Windows 10操作系统，并具备与各种虚拟现实设备兼容的接口和驱动程序。

总之，为了获得流畅的虚拟现实体验，用户需要选择满足一定配置要求的计算机。这主要包括强大的中央处理器和内存、高性能的显卡和显卡内存、足够的存储空间、高速数据传输速率、与虚拟现实应用兼容的操作系统和接口、良好的散热性和扩展性。

2.4 虚拟现实软件工具

在虚拟现实开发中，软件工具扮演着至关重要的角色。随着技术的不断进步，虚拟现实软件工具在功能性、易用性和兼容性等方面都有了显著提升。

2.4.1 虚拟现实软件工具的重要性

虚拟现实软件工具的重要性在于它们为虚拟现实技术的发展和应用提供了强大的支持。虚拟现实软件工具能够降低开发时间和成本，为开发者提供广阔的创作空间，使开发者能够构建出逼真的虚拟环境。同时，它们还可为终端用户提供多样化和个性化的虚拟现实体验。

2.4.2 虚拟现实软件工具的分类

虚拟现实软件工具可以根据不同的功能和用途分类，主要可分为以下四类。

2.4.2.1 虚拟现实引擎

虚拟现实引擎是开发虚拟现实应用的核心工具。它们提供了丰富的图形渲染、物理模拟、音频处理等功能，帮助开发者快速构建出高质量的虚拟现实场景和交互体验。例如，Unity和Unreal Engine是当前两款较为热门的虚拟现实引擎。

2.4.2.2 虚拟现实编辑器

虚拟现实编辑器允许开发者通过直观的可视化界面来创建和编辑虚拟环境。这些编辑器通常提供了丰富的素材库、场景管理工具及交互设置选项，使得开发者能够更加高效地进行虚拟现实内容的制作。例如，Tilt Brush和Blender是当前两款较为常用的虚拟现实编辑器。

2.4.2.3 虚拟现实播放器

虚拟现实播放器用于展示和播放虚拟现实内容。它们通常支持多种虚拟现实设备和格式，使得用户可以在不同的平台上享受虚拟现实体验。例如，Steam VR和Oculus Home是当前两款较为流行的虚拟现实播放器。

2.4.2.4 虚拟现实开发工具包

虚拟现实开发工具包提供了一系列用于开发虚拟现实应用的工具。这些开发工具可以实现图形渲染、物理模拟、音频处理、用户输入等方面的功能，帮助开发者更加便捷地进行虚拟现实应用的开发。例如，Oculus SDK和Vive SDK是针对特定虚拟现实设备开发的工具包。

2.4.3 虚拟现实软件工具的案例

2.4.3.1 Unity

Unity是一款功能强大的跨平台虚拟现实引擎，支持多种虚拟现实设备和平台。Unity提供了丰富的图形渲染、物理模拟和音频处理功能，开发者能够轻松地构建出高质量的虚拟现实场景。此外，Unity还拥有庞大的素材库和开发者社区，方便开发者获取资源和分享经验。通过使用Unity，开发者可以快速地开发出各种类型的虚拟现实应用，如游戏、教育软件、模拟器等。

2.4.3.2 Blender

Blender是一款开源的虚拟现实编辑器，支持从简单的几何体到复杂的有机模型的创建，拥有骨骼绑定、动画制作等高级功能。通过使用Blender，开发者可以创建出逼真的虚拟环境和虚拟角色，为虚拟现实应用提供丰富的视觉体验。另外，Blender还具有丰富的插件和脚本支持，便于开发者进行功能的定制和扩展。

2.4.3.3 Steam VR

Steam VR是一款由Valve公司开发的虚拟现实播放器，支持多种虚拟现实设备。Steam VR提供了丰富的用户界面和交互方式，用户能够轻松地浏览和选择虚拟现实内容。同时，Steam VR还支持与Steam平台的其他功能整合，如社区分享、成就系统等，为用户提供更加丰富的虚拟现实体验。

总之，虚拟现实软件工具在虚拟现实开发中扮演着至关重要的角色。这些软件工具不仅为开发者提供了强大的支持，而且为用户带来了更加多样化和逼真的虚拟现实体验。随着虚拟现实技术的持续进步，虚拟现实软件工具将迎来更多的创新和发展机会。未来将会出现更加智能化、高效化的虚拟现实引擎和编辑器，涌现出更加丰富的虚拟现实应用和内容。同时，随着5G、云计算等技术的普及和应用，虚拟现实软件工具也将更加注重云端渲染、流式传输等方面的技术整合和创新应用。

课后习题

一、单选题

1．头戴式显示器的主要功能有（　　）

A．提供沉浸式的视觉体验　　B．增强现实世界的感知

C．作为个人音频设备　　D．用于数据存储

2．在虚拟现实系统中，控制器的主要作用是（　　）

A．增强视觉显示效果　　B．捕捉用户的动作和输入

C．改善头戴式显示器的舒适度　　D．作为主要的显示设备

3．在虚拟现实头戴式显示器中，下列关于屏幕刷新率的陈述，错误的是（　）

A.屏幕刷新率越高，用户在虚拟现实中看到的画面就越流畅

B.增加屏幕刷新率可以减少用户在虚拟现实体验中的眩晕感

C.屏幕刷新率与头戴式显示器的延迟没有直接关系

D.屏幕刷新率通常以赫兹为单位进行度量

二、多选题

1．在选购头戴式显示器时，下列因素中要重点考虑的是（　　）

A．分辨率　　B．视场角

C．颜色鲜艳度　　D．舒适度

E．兼容性

2．在下列虚拟现实软件工具中，常见的类型有（　　）

A．虚拟现实引擎　　B．虚拟现实编辑器

C．虚拟现实播放器　　D．虚拟现实数据库

E．虚拟现实开发工具包

三、简答题

1．简述头戴式显示器在虚拟现实系统中的作用，并说明其基本原理。

2．描述传感器在虚拟现实系统中的重要性，并举例说明其应用。

03

第3章

虚拟现实系统的关键技术

在虚拟现实系统中，三维图形是构建虚拟环境的核心元素之一。深入理解三维图形对设计、开发虚拟现实系统至关重要。本章将系统地介绍三维图形与建模、三维建模的技术原理、音频技术与声音模拟，以帮助读者建立对虚拟世界的深刻理解。

3.1 三维图形与建模

3.1.1 三维图形的核心元素

在虚拟现实系统中，三维图形是创建逼真、引人入胜的体验的基础。了解三维图形的基本概念对理解虚拟现实的工作原理至关重要。下文将深入研究三维图形的核心元素。

虚拟环境的坐标系统是立体的，通常由x、y和z三条坐标轴组成。这种三维坐标系统能够在虚拟环境中准确地定位和描述物体的位置。这对准确地呈现虚拟环境中的物体位置和运动至关重要。理解三维坐标系统不仅有助于定位和表示对象，而且为虚拟环境的构建提供了数学基础。

3.1.1.1 坐标轴

三维坐标系统包括x、y和z三条坐标轴，它们相互垂直且交于原点（0, 0, 0），如图3–1所示，每条轴代表一个空间方向。

（1）x轴：水平向右为正方向，向左为负方向。

（2）y轴：垂直向上为正方向，向下为负方向。

（3）z轴：箭头右上向外为正方向，箭头左下为负方向。

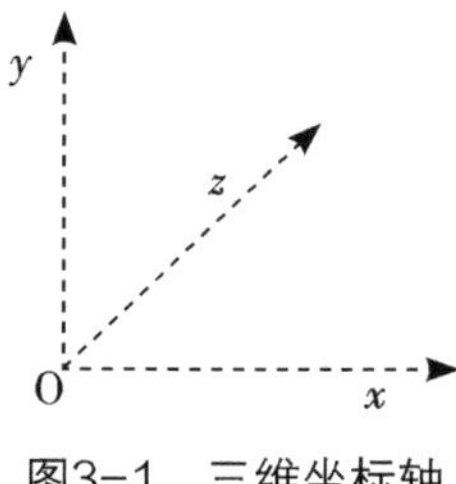

图3–1　三维坐标轴

这一组坐标轴的组合定义了整个虚拟环境，精确定位每一个点或物体的位置。

3.1.1.2 三维坐标表示

每个点在三维空间中都可以由一组坐标值（x, y, z）唯一确定，坐标值指示了某个点相对于原点的位置，为虚拟环境中的对象精确定位提供了数学依据。例如，点P的坐标为（2, 3, 4），表示它在x轴上的坐标为2，y轴上的坐标为3，z轴上的坐标为4。

3.1.1.3 坐标变换

在虚拟现实系统中，对虚拟对象进行移动、旋转和缩放等操作是实现交互性和沉浸式体验的关键环节。这些操作不仅仅是简单的数字变换，还涉及用户与虚拟环境之间的互动。用户可以通过手柄、头戴式显示器中的传感器，以及手势识别等方式输入信号，这些输入信号被传递到虚拟现实系统中，经过处理后反映在虚拟环境中，实现对虚拟对象的移动、旋转和缩放等操作。

除基本的移动、旋转和缩放等操作之外，虚拟对象还可以通过动画和变形来增强交互性和表现力。动画可以使虚拟对象具有生动的行为和表情，而变形可以使虚拟对象的形态发生实时变化，如角色的变形动作或是物体的形态转换。在视觉控制与相机操作中，用户通常可以通过头部追踪或手柄控制来改变自己的视角，从而改变虚拟环境的坐标位置。相机操作的灵活性和流畅性对用户的沉浸式体验至关重要，因此需要进行精心设计和优化。

3.1.1.4 距离和方向

通过三维坐标系统，虚拟环境不仅可以描述位置，而且能计算两点之间的距离，确定方向向量。这些计算为虚拟现实应用中的碰撞检测、视线方向等操作提供了关键的数学工具。

两点之间的距离可以通过欧氏距离公式计算：

$$d=\sqrt{\left(x_2-x_1\right)^2+\left(y_2-y_1\right)^2+\left(z_2-z_1\right)^2}$$

方向可以用向量表示，如从点A指向点B的方向向量：

$$\overrightarrow{AB}=\left(x_B-x_A,y_B-y_A,z_B-z_A\right)$$

深入理解三维坐标系统，包括坐标轴的方向、坐标表示和坐标变换等概念，以及提供在虚拟环境中定位和操作虚拟对象的数学基础，是进一步理解和应用三维图形的关键一步。

3.1.2 顶点与多边形

三维图形的基本构建块是顶点和多边形。顶点是三维空间中的一个点，而多边形是由一组顶点连接而成的平面。

3.1.2.1 顶点

顶点是三维空间中的一个点，通常由三个坐标值（x, y, z）确定。这些坐标值表示顶点在三维坐标系中的位置。顶点在三维图形中起着关键作用。组合和连接不同的顶点可以创建出各种形状，如立方体、球体、锥体等。顶点还可以携带其他属性，如颜色、法线向量、纹理坐标等。这些属性对呈现逼真的三维场景至关重要。

3.1.2.2 多边形

多边形是由相邻的顶点通过线段连接而成的平面图形。最常见的多边形是三角形，此外还有四边形、五边形等。

连接顶点可以构建出物体的外表面。例如，一个立方体由六个矩形面组成，每个面都是一个由四个顶点连接而成的矩形。多边形的属性也很重要，如法线向量用于确定表面的朝向，纹理坐标用于贴图以使物体看起来更真实。

3.1.3 光照和着色

在虚拟环境中，光照和着色是创造逼真效果的关键因素。不同的光照和着色技术直接影响到虚拟环境的外观和视觉效果，能决定虚拟物体的表面是光滑、粗糙的，还是闪烁的。

3.1.3.1 光照

光照模型描述了光在虚拟环境中与虚拟物体表面的交互过程。常用的光照模型包括环境光照、定向光照和点光源。环境光照模拟了虚拟环境中所有方向的均匀光照，避免了虚拟环境过于黑暗；定向光照模拟了来自无限远处的平行光，可以产生明暗分明的阴影效果，为虚拟物体增添了层次感；点光源模拟了类似于定点灯泡的光源，具有位置和强度，使得光照在虚拟空间中逐渐减弱，呈现出更自然的光照效果。

1. 环境光照。

环境光照（Ambient Lighting）是一种均匀的光照，来自虚拟环境中所有方向，不会因虚拟物体的方向而改变，包括直射光、反射光和散射光等。在环境光照的作用下，虚拟物体的表面会呈现出一种整体的明亮度，而不会有明显的阴影。环境光照可以防止整个虚拟环境变得过于黑暗，特别是在没有主要光源照射的情况下。环境光照提供了一种基础的照明效果，使得虚拟环境中的物体在无主要光源照射下仍然可见，并能够保持一定的视觉细节，增强了物体之间的对比度。环境光照的强度和颜色可以根据虚拟环境的需要进行调整，以实现不同的视觉效果。在计算环境光照时，通常使用环境光照系数来调节环境光照的强度和影响范围。环境光照系数决定了环境光照在整个虚拟环境中对明暗度的影响程度，过高的系数会导致虚拟环境过度明亮，而过低的系数则会使虚拟环境显得过于暗淡。总之，调整环境光照的参数，可以改变整个虚拟环境的明暗度和氛围。

2. 定向光照。

定向光照（Directional Lighting）是一种模拟来自无限远处的平行光的光照，以固定的方向和强度照射整个虚拟环境或虚拟物体。定向光照产生了清晰的阴影效果，为虚拟物体表面带来了明暗之分。它可以模拟出阳光等强烈光源所产生的明亮光线，同时在虚拟物体背面产生明显的阴影，增强了虚拟环境的立体感和真实感。在图形渲染中，定向光照通常用于模拟自然光照环境，如阳光照射下的室外场景或室内场景中的主要光源，使得虚拟物体在渲染中更加逼真。

3. 点光源。

点光源（Point Lighting）模拟了像灯泡一样的光源，特点是具有位置和强度。与定向光照不同，点光源的光线是从一个确定的点向各个方向发射的，因此，它产生的光线会呈现出辐射状的效果。点光源使得虚拟物体表面的光照逐渐减弱，呈现出自然的光照效果。在图形渲染中，点光源通常用于模拟室内灯光、路灯等局部光源，或者用于强调虚拟环境中某个特定虚拟物体的光照效果。点光源的位置和强度可以根据需要调整，以达到最佳的视觉效果。因为点光源在虚拟空间中具有确定的位置，所以点光源可以产生明显的光影效果（包括投影和阴影），从而增强了虚拟环境的真实感和立体感。

3.1.3.2 着色

着色是为了模拟物体的外观和材质而确定每个像素最终颜色的过程。在图形渲染中，环境着色、漫反射着色、镜面反射着色和阴影着色是关键的着色技术。环境着色用于模拟物体在没有直接光照下的整体明暗效果，提供柔和的光照表现。漫反射着色模拟光线在物体表面散射后的均匀光照，使物体表面在不同角度下呈现自然的明暗变化。镜面反射着色用于产生物体表面的高光点，反映出光滑表面的反射特性，增强真实感。阴影着色通过考虑光线被遮挡的情况，为虚拟环境增加立体感和真实感。这些技术在游戏、电影和建筑可视化等领域中，帮助提升虚拟环境的视觉效果和沉浸感。

1. 环境着色。

环境着色（Ambient Shading）是一种用于渲染图形的着色技术，考虑到了虚拟物体在没有直接光照的情况下的整体明暗变化。环境着色通常用于模拟物体在间接光照下的外观，例如在室内场景中，物体表面会受到来自周围墙壁、地板和天花板反射的光线的影响，产生柔和的整体明暗效果。这种技术在提供虚拟环境的整体光照效果方面起着重要作用，使得虚拟环境在缺乏直接光源的情况下仍然能够保持逼真的外观。

2. 漫反射着色。

漫反射着色（Diffuse Shading）是一种模拟光线直接命中物体表面后产生的散射效果的着色技术。当光线照射到虚拟物体表面时，根据光线和表面法线向量之间的夹角，部分光线会被物体表面所吸收，而另一部分光线会被散射到各个方向上。这种散射光线使得物体表面的光照分布更为均匀，产生了一种柔和的明暗效果。漫反射着色对决定虚拟物体表面的明暗分布起着关键作用。当光线垂直照射到表面时，漫反射光线最强，表面看起来较亮；而当光线与表面法线向量之间的夹角增大时，漫反射光线减弱，表面看起来较暗。这种效果使得虚拟物体在不同角度和不同光照条件下呈现出自然的明暗变化，增强了虚拟环境的真实感和立体感。漫反射着色通常用于模拟物体在直射光照下的外观，例如，太阳光照射到地面上的石头或草地，表面的明暗分布就是由漫反射光线所决定的。这种技术在渲染虚拟物体的表面材质时十分重要，能够使虚拟物体表面呈现出质感和纹理，增加了虚拟环境的真实感。

3. 镜面反射着色。

镜面反射着色（Specular Shading）是一种模拟物体表面光滑程度的着色技术，主要用于产生光的反射效果，使虚拟物体表面出现高光点。当光线照射到虚拟物体表面时，如果表面是光滑的，那么光线会以相同的角度反射出去，形成明亮的高光点。这种高光点通常出现在观察者与光源之间的线路上，亮度和大小取决于表面的光滑程度和光源的强度。镜面反射着色可以使虚拟物体表面呈现出金属、玻璃、水等具有高度反射性质的材质特征。调整镜面高光的大小、亮度和形状，可以使得渲染的虚拟物体看起来更加真实，增强了虚拟物体表面的质感和反射效果。

4. 阴影着色。

阴影着色（Shadow Shading）是一种通过考虑光线是否被其他虚拟物体遮挡而确定虚拟物体表面阴影部分的着色技术。在现实世界中，当光线照射到物体表面时，如果有其他物体挡住了光线，那么被挡住的部分就会形成阴影。阴影是虚拟环境中还原现实场景的重要元素之一，能够为虚拟环境增添立体感和真实感。它通过考虑光线的路径和虚拟环境中其他虚拟物体的位置，确定虚拟物体表面哪些部分应该被阴影覆盖。在渲染过程中，根据光源的位置和强度，以及虚拟物体之间的相对位置，计算出虚拟物体表面各点的光照情况，从而确定哪些部分应该被阴影遮挡。合理的阴影处理可以使得虚拟环境在视觉上更加真实，能增强虚拟物体的空间感和立体感。

阴影着色在许多领域中都有广泛的应用，如在游戏开发、电影制作、建筑可视化等领域。在游戏中，合理的阴影效果能够增加虚拟环境的真实感和沉浸感；在电影中，逼真的阴影效果能够增强虚拟环境的氛围和情感表达；在建筑可视化中，阴影着色能够更加真实地展现虚拟建筑物在不同光照条件下的外观和效果。

3.1.4 纹理映射

为了增强虚拟对象的真实感，纹理映射成为一项关键技术。除允许将图像贴附到三维模型的表面之外，纹理映射还可以用来模拟物体表面的细节，如颜色、光泽、粗糙度、凹凸等，从而使虚拟物体呈现出更加生动和细致的外观。合理的纹理映射，可以模拟出木纹、石纹、金属质感、布料纹理等各种不同的表面特征，从而增加虚拟环境中虚拟物体的逼真度和观赏性。纹理映射的应用不仅可以用于静态图像，而且可以结合着色技术实现动态纹理效果，如流动的水面、闪烁的火焰等。这些技术可以使得虚拟物体表面在渲染时呈现出更加逼真的光照和阴影效果，进一步增强了虚拟物体的真实感。总的来说，纹理映射技术在计算机图形学领域中具有重要的地位，不仅能为虚拟环境中的虚拟物体赋予了更加生动、逼真的外观，而且能提升用户的沉浸感和体验质量。下面将介绍纹理映射的相关概念。

3.1.4.1 纹理坐标

纹理映射依赖于纹理坐标，纹理坐标是一种与顶点关联的二维坐标系统，用来确定在纹理图像上的位置。每个顶点都关联着一个或多个纹理坐标，这些纹理坐标定义了在纹理图像上采样的位置。通常情况下，纹理坐标的范围是从0到1，其中（0, 0）

表示纹理图像的左下角，（1, 1）表示纹理图像的右上角。在顶点数据中嵌入纹理坐标，可以在三维模型的表面准确地定位纹理图像。当渲染三维模型时，渲染引擎会根据纹理坐标在纹理图像上进行采样，以确定每个顶点所对应的纹理颜色。这样就可以将纹理图像上的颜色或图案精确地映射到模型的表面，从而实现纹理贴图的效果。纹理映射的准确性和质量取决于纹理坐标的准确性和顶点数据的精确性。因此，在创建三维模型时，确保正确地分配和处理纹理坐标至关重要。合理地设计和编辑纹理坐标，可以实现各种不同的纹理映射效果，包括平铺、拉伸、旋转等，从而满足不同虚拟环境下的纹理需求，增强虚拟物体的视觉效果。

3.1.4.2 纹理类型

1. 颜色纹理。

颜色纹理包含颜色信息，可以用来为虚拟物体表面添加颜色和图案。通过颜色纹理，开发者可以为虚拟物体赋予具体的颜色、图案或纹理，使其外观更加生动和丰富。例如，使用颜色纹理可以模拟木纹、砖块、草地等各种不同的表面特征。

2. 法线纹理。

法线纹理用于模拟物体表面的凹凸效果。开发者通过改变法线纹理的颜色值，可以改变表面法线的方向，从而影响光照在虚拟物体表面的反射情况。法线纹理可以为虚拟物体表面增添细微的凹凸感，使得光线在虚拟物体表面产生更为细致和逼真的反射效果。法线纹理常用于模拟石头、土地、皮肤等具有粗糙表面的材质特性。

3. 位移纹理。

位移纹理可以改变顶点的位置，使得虚拟物体表面呈现出更为复杂的形状。在渲染过程中，开发者通过位移纹理对顶点进行偏移，可以实现虚拟物体表面的凹凸、起伏等复杂形状，从而增加虚拟物体的真实感。位移纹理常用于模拟地形、山脉、地表细节等需要高度准确的虚拟环境。

3.1.4.3 纹理过滤和重复

1. 纹理过滤。

纹理过滤用于处理在图形渲染时纹理图像的放大和缩小，以保持图像质量。在纹理映射过程中，当纹理图像需要被缩小或放大以适应虚拟物体表面或屏幕分辨率时，可能会出现采样像素不足或过多的情况，从而导致图像失真或者模糊。纹理过滤可以解决这一问题，通过插值和平滑处理来保持图像的清晰度和质量。常见的纹理过滤方法包括最近邻插值、双线性插值和三线性插值，它们在不同的情况下都有其适用性。

2. 纹理重复。

纹理重复允许图像在虚拟物体表面重复出现，对创建重复图案或表面装饰非常有用。在纹理映射过程中，如果虚拟物体表面的尺寸大于图像的尺寸，那么图像可能无法覆盖整个虚拟物体表面。此时开发者可以使用纹理重复来让图像在虚拟物体表面重复出现，填充整个虚拟物体表面。控制纹理的重复次数和方式，可以实现不同的视觉效果，如平铺、镜像平铺等，从而满足不同虚拟环境下的需求。

3.1.4.4 纹理的凹凸映射

1. 高度纹理映射。

高度纹理映射通过利用灰度图像中的高度信息，来改变虚拟物体表面的法线方向，从而模拟出细微的凹凸效果。这种方法无需增加多边形的数量，而是通过修改表面的法线来实现复杂的表面细节，使得虚拟物体在光照下呈现出逼真的凹凸效果。高度纹理映射常用于模拟石头、砖块等表面细节，增强虚拟环境的真实感。

2. 法线纹理映射。

法线纹理映射是一种更为复杂的凹凸映射技术，通过在纹理中存储每个像素的法线信息，来直接修改虚拟物体表面的法线方向。与高度纹理映射相比，法线纹理映射能够提供更为精细和精确的表面凹凸效果，使得虚拟物体在光照下呈现出更具立体感的视觉效果。法线纹理映射通常用于需要高细节的表面，如角色皮肤、金属表面等。

3. 凹凸映射优化。

尽管凹凸映射能够显著增强虚拟物体的视觉效果，但通常需要额外的计算资源。因此，为了在保持视觉质量的同时，降低计算成本，各种凹凸映射优化技术被开发出来。例如，使用更高效的法线计算方法，或者在特定的光照条件下动态调整凹凸效果的强度，这些优化方法能够提高凹凸映射的性能，确保虚拟环境在高效渲染的同时，依然能够保持虚拟物体细腻的表面效果。

3.1.4.5 纹理映射的应用

纹理映射广泛应用于游戏开发、虚拟现实模拟及建筑可视化等领域。具体来说，在游戏开发领域，纹理映射一般用于创建游戏场景中的地形、角色和道具等虚拟物体的外观。通过精心设计和选择合适的纹理，开发者可以使得游戏中的虚拟环境更加真实、细致，增强玩家的沉浸感和体验质量。例如，使用合适的纹理可以模拟出不同材质的表面（如木头、金属、石头等），使得游戏世界更具有立体感和真实感。在虚拟现实模拟领域，纹理映射也起着至关重要的作用。将真实世界的场景纹理映射到虚拟环境中，可以为用户提供高度逼真的虚拟体验。例如，在虚拟现实仿真训练中，纹理映射可以帮助开发者模拟出真实世界中的各种场景，使得训练者能够在虚拟环境中获得更为真实的体验，提高训练效果。在建筑可视化领域，纹理映射被用于模拟建筑物的外观和材质。通过将真实建筑的纹理映射到三维模型上，使得虚拟建筑模型更加逼真，让人们在虚拟环境中感受到建筑的外观，还可以帮助设计师和客户更好地理解建筑设计方案，并进行直观的沟通和交流。

总之，深入研究纹理映射的细节和应用，可以更好地理解如何利用这一技术为虚拟环境中的虚拟物体赋予逼真的外观，从而提升用户的视觉感受和交互体验。

3.1.5 实例分析

要创建一个简单的三维图形，可以按照以下步骤进行。

1．进入Unity官网，根据官网的指引，选择适合自己的版本进行下载，如图3-2所示。

图3-2　Unity官网界面

2．将Unity软件成功安装至计算机，并创建一个Unity账户，如图3-3所示。

图3-3　账户创建

3. 登录并启动Unity后，点击“新项目”，创建一个新的工程，如图3-4所示。

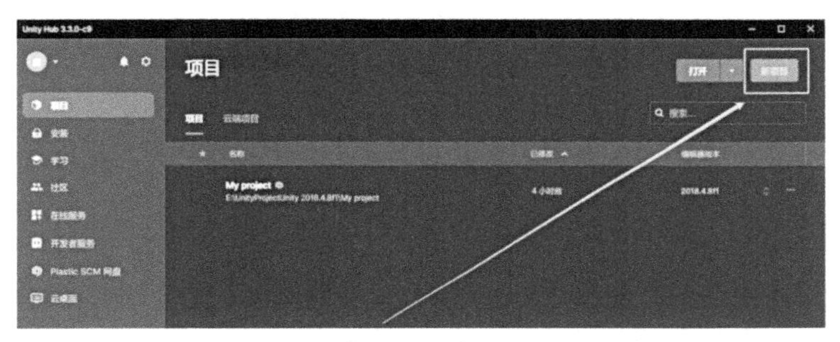

图3-4　创建项目

4. 在创建新项目后，由于每个项目可能包含多个不同的场景或关卡，开发者通常需要新建多个虚拟场景。新建虚拟场景的方法如下：在Unity 3D软件界面中，选择File（文件）→New Scene（新建场景）命令，即可创建新场景。然后，选择GameObject（游戏对象）→3D Object（三维物体）→Plane（平面）命令，创建一个平面以放置虚拟物体。

5. 选择GameObject（游戏对象）→3D Object（三维物体）→Cube（立方体）命令，创建一个立方体，如图3-5所示。

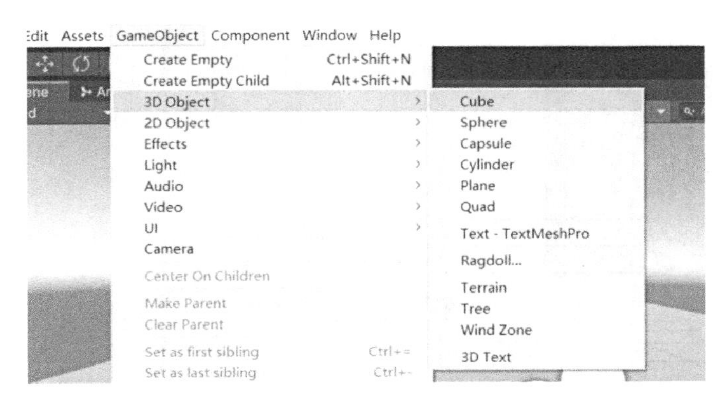

图3-5　创建立方体

6．使用场景控件调整虚拟物体的位置，从而完成基本的游戏对象的创建，如图3–6所示。

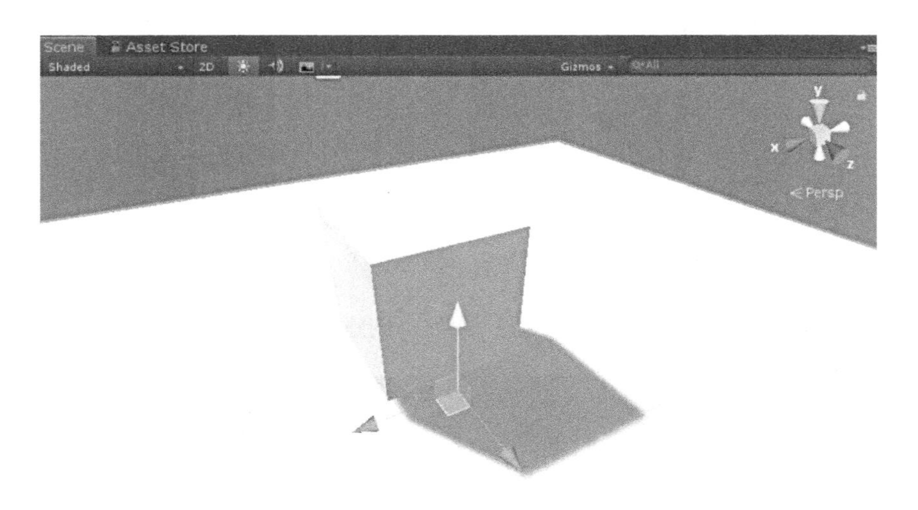

图3–6　创建完成

7．游戏对象的组件会显示在Inspector（属性编辑器）中，开发者可以为游戏对象添加更多的组件。例如，要为一个Cube（立方体）添加Rigidbody（刚体）组件，需选中“Cube”，然后执行Component（组件）→Physics（物理）→Rigidbody（刚体）菜单命令，这样就为Cube添加了Rigidbody组件，如图3–7所示。

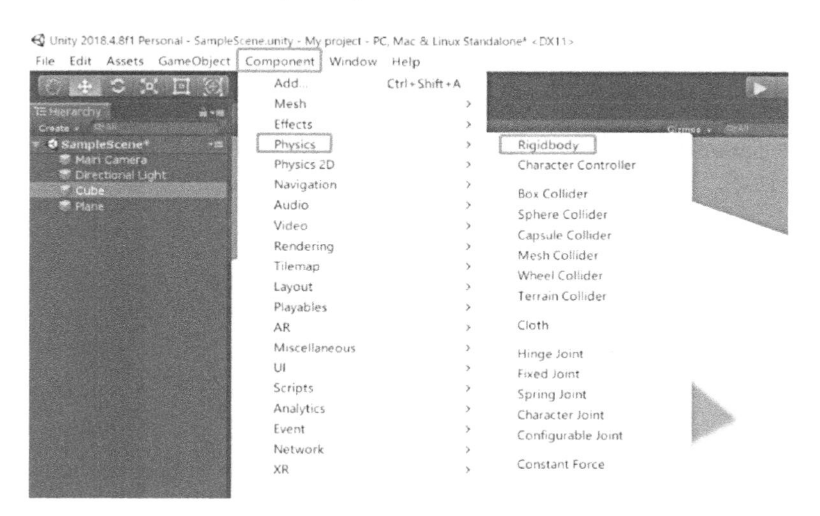

图3–7　添加组件属性

8．选择File（文件）→Save（保存）菜单命令或使用快捷键“Ctrl+S”进行保存，如图3-8所示。在弹出的保存场景对话框中输入要保存的文件名。

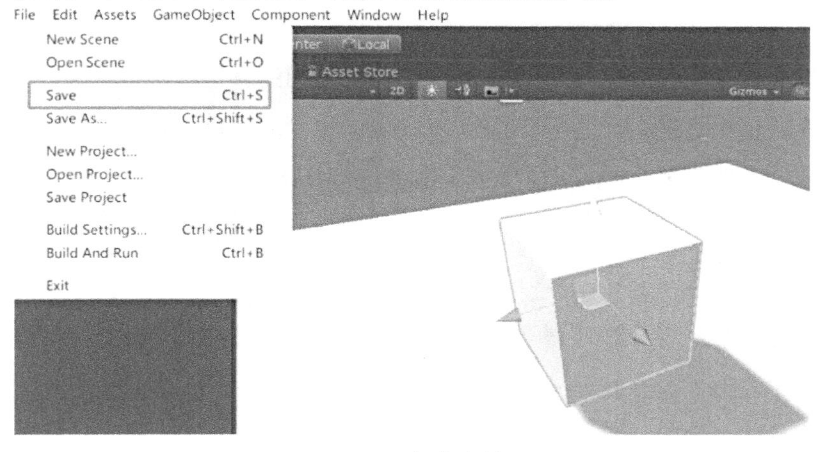

图3-8　保存文件

9．可以自行修改文件名称和保存路径，如图3-9所示。

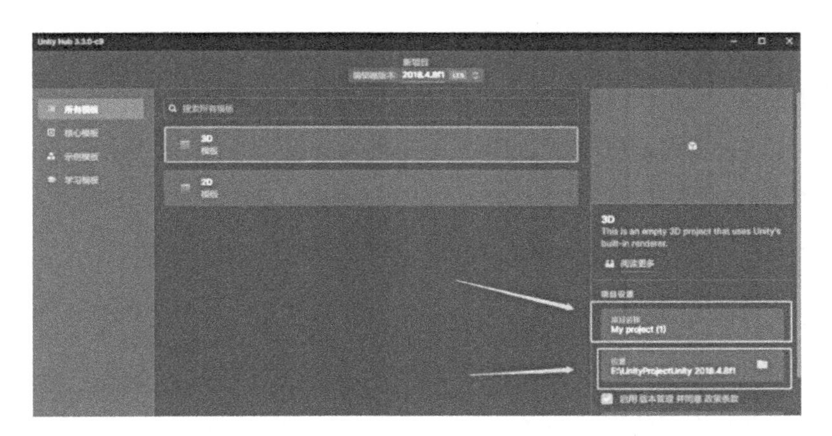

图3-9　修改文件名称和保存路径

以上是一个简单实例，演示了如何创建一个基本的三维物体。

总之，理解和应用三维图形是学习虚拟现实技术的关键。深入学习坐标系统、顶点、多边形等基本元素，能为更深入的虚拟现实技术学习奠定基础。

3.2 三维建模的技术原理

本节将全面介绍多种虚拟现实建模技术，从基础的多边形建模到数字雕刻，涵盖了三维建模的多个方面。本节还将深入探讨每种技术的原理、应用及其在不同领域中的实际案例，以便读者更好地理解和运用虚拟现实建模技术。

3.2.1 多边形建模

多边形建模是三维建模中最基础的技术。下面将详细介绍多边形的基本概念，包括三角形、四边形及其在构建三维模型时的应用，如何使用简单的几何形状组成复杂的物体，以及多边形数量对模型细节和虚拟现实应用运行性能的影响。

3.2.1.1 多边形的基本概念

多边形是由三条或三条以上的线段首尾顺次连接所组成的平面几何形状。在三维建模中，最常用的多边形是三角形和四边形。这些多边形构成了三维模型的基本结构，组合和连接它们，可以形成各种形状的虚拟物体。

三角形和四边形在建模中的选择取决于具体的应用场景。三角形被广泛用于游戏引擎和实时图形渲染，因为它们相对简单，更容易处理和计算。四边形在一些需要更多控制点的情况下更为实用，如建模曲面或进行细致的形状调整。

3.2.1.2 多边形的拓扑结构

了解多边形的拓扑结构对构建复杂的三维模型至关重要。拓扑结构描述了三维模型中各个多边形之间的连接关系，包括顶点、边和面的布局。通过深入理解拓扑结构，开发者可以更加精确地控制三维模型的外观，实现各种复杂的几何形状和表面特征。拓扑结构的正确设计还可以优化三维模型的性能，提高渲染效果，并确保三维模型在不同平台和设备上的兼容性和稳定性。因此，掌握多边形的拓扑结构是一项关键技能，有助于开发者构建出更加逼真和令人沉浸的虚拟环境。

在虚拟现实系统中，多边形的数量直接影响着三维模型的细节和运行性能。多边形的数量越多意味着三维模型细节越丰富，因为更多的多边形可以提供更加精细的表面和曲线，所以使得三维模型看起来更加真实。然而，随着多边形数量的增加，三维模型的复杂度也会增加，可能会影响虚拟现实应用运行性能。虚拟现实应用需要在保持良好的视觉效果的同时，确保稳定的帧率，以提供流畅的用户体验。因此，在创建虚拟环境和虚拟物体时，开发者需要在三维模型的细节和虚拟现实应用运行性能之间取得平衡，以确保用户在流畅体验的前提下获得相对较好的视觉效果。

3.2.2 曲面建模

曲面建模技术为开发者提供了更高程度的创作自由，允许创造出更为逼真和复杂的三维形状。下面将深入研究曲面建模的数学原理，重点介绍贝塞尔曲线、非均匀有理B样条等技术，以及它们在实际应用中的优势。

3.2.2.1 贝塞尔曲线

贝塞尔曲线（Bezier Curve）是一种通过控制点影响曲线的建构方法，常用于二维图形应用程序，如图3-10所示。矢量图形软件通常会使用贝塞尔曲线来精确绘制曲线。贝塞尔曲线由线段和节点构成，节点是可拖动的支点，线段则类似于可伸缩的橡皮筋。绘图软件工具中的钢笔工具可以用于创建这种矢量曲线的。贝塞尔曲线在计算机图形学中是非常重要的参数曲线，一些成熟的位图软件（如PhotoShop），也提供贝塞尔曲线工具。

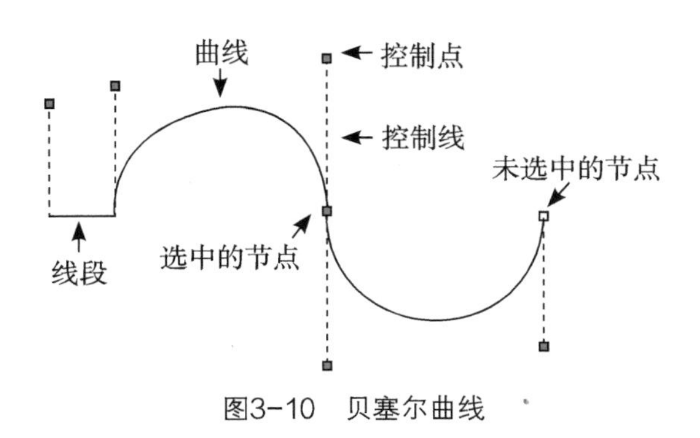

图3-10　贝塞尔曲线

3.2.2.2 非均匀有理B样条

非均匀有理B样条（Non-Uniform Rational B-Spline，UNURBS）是一种广泛应用于曲面建模的数学表示方法，如图3-11所示。许多高级三维设计软件都支持这种建模方式。与传统的网格建模方式相比，非均匀有理B样条可以更精确地控制虚拟物体表面的曲线，从而创造出更加逼真和生动的造型。

简单来说，非均匀有理B样条是一种专门用于创建曲面物体的建模方法。非均匀有理B样条的造型由曲线和曲面定义，因而在非均匀有理B样条表面生成一条有棱角的边是很困难的。正因为这一特点，非均匀有理B样条可以用来制作各种复杂的曲面造型和展现特殊的效果，如人的皮肤、面部特征或流线型跑车等。

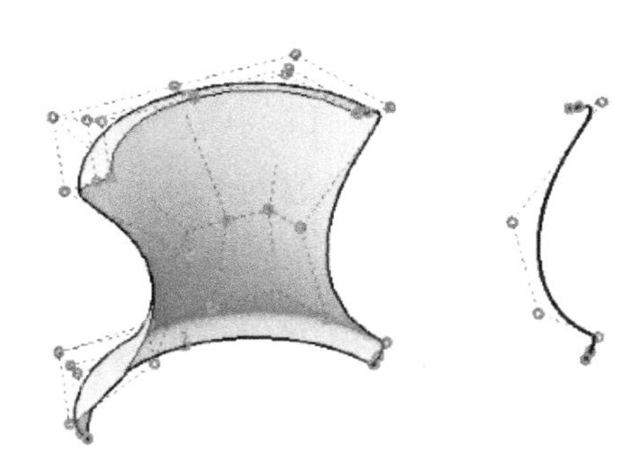

图3-11　非均匀有理B样条概念图

3.2.2.3　曲面建模技术的优势

曲面建模技术相较于多边形建模优势显著。多边形建模虽然能够创建基本形状，但在模拟真实世界物体的复杂曲面时，其表现会受到限制。通过使用数学方程和曲线来描述虚拟物体的表面，曲面建模技术可以更好地模拟自然物体的曲线。

曲面建模技术在涉及光滑过渡和精细细节的情况下尤为突出。例如，在汽车设计领域，曲面建模可以精确地模拟车身的曲线和光滑的表面，使得设计师能够更好地评估设计方案并进行细微调整；在动画制作领域，曲面建模可以创建出更加逼真的角色模型和虚拟环境，为动画场景增添真实感，为用户提供更好的视觉效果。

3.2.3　体素建模

体素建模是一种基于体素（三维像素）的三维表示方法，适用于对物体内部和外部结构进行精细控制的场景。下面将介绍体素表示方法、体素编辑工具，以及体素建模在医学领域中的实际应用。

3.2.3.1　体素表示方法

体素是指通过不同的表示方法来呈现物体形状和结构的体积元素，其概述图如图3-12所示。常见的体素表示方法包括栅格表示、点云表示和基于八叉树的表示。

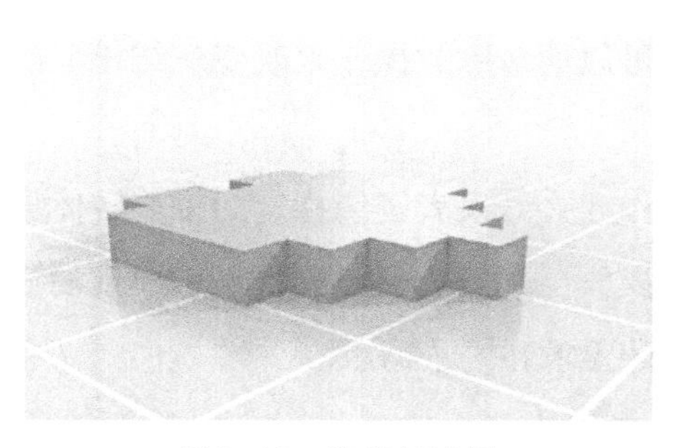

图3-12 体素概述图

1. 栅格表示。

栅格表示是一种简单而直观的体素表示方法，适用于规则形状的虚拟物体，如方块、长方体等。栅格表示将虚拟物体分割成均匀的立方体格子，每个格子称为一个体素。虽然栅格表示易于实现和处理，但对复杂形状的虚拟物体可能会导致数据冗余和计算量增加。

2. 点云表示。

点云表示适用于不规则形状的虚拟物体，如云朵、树木等。点云表示将虚拟物体表面的点以离散的形式进行表示，每个点都包含了虚拟物体表面的位置信息。点云表示虽然能够更准确地捕捉虚拟物体的表面细节，但也存在数据量大、难以处理复杂度高的问题。

3. 基于八叉树的表示。

基于八叉树的表示是将虚拟物体从空间上分割成八叉树结构，每个节点可以继续分割为八个子节点，直至达到所需的精度。这种表示方法既能够适应规则形状的虚拟物体，又能够处理不规则形状的虚拟物体，还能够有效地管理数据，减少冗余信息和计算量。基于八叉树的表示在处理复杂场景和大规模数据时表现出色，因而在许多领域中得到了广泛的应用。

3.2.3.2 体素编辑工具

体素的编辑是体素建模中的关键一环。体素编辑工具，主要包括体素的增删、缩放、旋转等操作，以及如何通过这些操作实现对三维模型的精细调整。

首先，体素的增删操作允许开发者根据需要向三维模型中添加新的体素或者删除不需要的体素。这使得开发者能够在三维模型的不同部分精确地调整形状和结构，从而实现更加精细的设计。

其次，体素的缩放操作可以改变体素的尺寸和比例，从而调整三维模型的整体大小或者局部细节。开发者可以通过缩放操作来改变三维模型的比例关系，使其更符合设计要求或者场景需求。

最后，体素的旋转操作允许开发者围绕指定的轴旋转体素，从而改变三维模型的方向或者造型。通过旋转操作，开发者可以调整三维模型的姿态和角度，使其更加灵活多样，以适应不同的设计要求和场景需求。

体素编辑工具为开发者提供了丰富的操作手段，使得他们能够更灵活地编辑体素，实现对三维模型的精细调整和改进。开发者可以根据具体的设计目标和要求，灵活运用这些体素编辑工具，创造出更加符合设计要求和美感的三维模型，从而为游戏开发、工业设计等领域带来更加优秀和令人满意的作品。

3.2.3.3 体素建模在医学领域中的应用

体素建模在医学领域中有着广泛的应用，如图3–13所示。体素建模技术可以对人体器官进行精确的三维建模，进而支持医学影像分析、手术规划、手术仿真和培训等应用。

体素建模技术可以将医学影像（如CT扫描、MRI扫描等）数据转换为具有几何形状和结构的三维模型。这些模型可以直观地展示患者的器官结构和病变情况，为医生提供更准确、全面的诊断信息。通过体素建模，医生可以在三维虚拟环境中自由地观察和分析患者的解剖结构图，从而更好地理解病情和制定治疗方案。体素建模技术还可以用于手术规划。医生通过对患者的器官进行体素建模并模拟手术过程，再根据模拟的结果进行手术规划。这有助于医生在手术前预先了解患者的解剖结构图，评估手术风险，制定更加安全和有效的手术方案。此外，体素建模还可以用于手术仿真和培训，帮助医生熟悉手术操作流程和技术，提高手术成功率，确保患者手术的安全性。在医学领域中的这些应用对个性化医疗和医学研究具有重要意义。

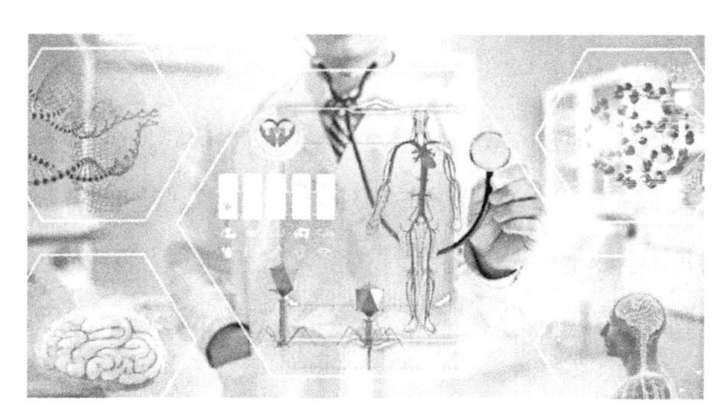

图3–13　体素建模在医学领域中的应用

3.2.4 参数化建模

参数化建模是一种通过调整参数来改变虚拟物体形状的建模技术，为开发者提供了灵活的创作空间。参数化建模的基本原理是使用一系列参数来描述和调整三维模型的特征，从而实现对三维模型的形状、颜色、纹理等属性的灵活控制。

在参数化建模中，开发者可以通过定义参数来映射模型的几何属性，包括参数曲面、参数化对象等概念。参数曲面是参数化建模中常见的一种表示方法，如贝塞尔曲面、B样条曲面等，允许开发者通过调整参数来创建曲面形状，并实现三维模型的形状变换。

除调整几何形状之外，参数化建模还可以应用于调整三维模型的其他属性，如颜色、纹理、材质等。通过参数化对象，开发者可以灵活地控制三维模型的各个方面，使得整个设计过程更为灵活和可控。

参数化建模在设计创意的表达中发挥着重要作用。通过使用参数，开发者可以轻松地尝试不同的设计方案，迅速地进行形状的变换和调整，从而更好地实现不同的创意并从中选出最佳方案。了解参数化建模的基本原理，有助于开发者更好地理解和运用参数化建模，完成更加灵活和创新的设计作品。

3.2.5 数字雕刻

数字雕刻是一种模拟手工雕刻过程的建模技术，为使用者提供了直接在三维模型上进行创作的能力，如图3-14所示。下面将探讨体积雕刻的工作原理和数字雕刻的工具。

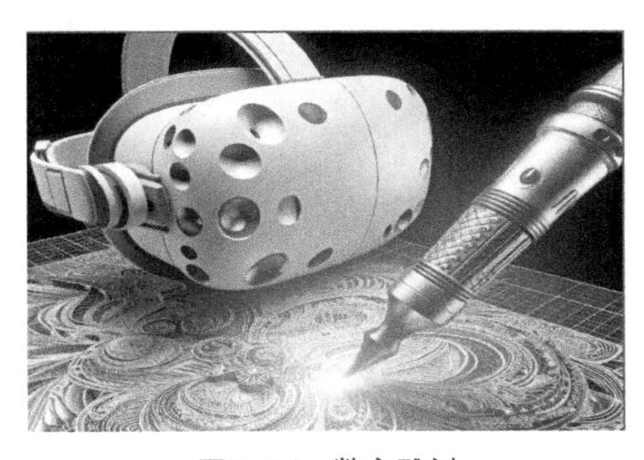

图3-14 数字雕刻

1. 体积雕刻的工作原理。

体积雕刻是数字雕刻中的一种方法，它模拟了传统雕刻过程中对物体体积的直接切削和雕琢。体积雕刻的工作原理是通过在三维空间中对模型的体积数据进行直接操作，雕刻工具可以添加或移除体积，改变模型的形状和结构。这种操作通常涉及到对模型的体素（体积像素）进行修改，类似于在传统雕刻中使用工具对材料进行切割或雕刻。体积雕刻能够创造出更加自然和有机的形状，适用于需要较大形态变化的模型创建。

2．数字雕刻的工具。

数字雕刻通常需要借助专用的数字雕刻工具进行，如雕刻刷子、拉伸工具、平滑工具等。这些数字雕刻工具提供了一系列功能，旨在协助使用者在三维模型上实现精细的雕刻效果。

（1）雕刻刷子是数字雕刻工具中的重要组成部分，常用于三维模型表面的添加、移除或修改细节。不同类型的雕刻刷子可以模拟出不同的雕刻效果，如凹陷、凸起、细节增强等，使使用者能够以自然、直观的方式进行数字雕刻。

（2）拉伸工具和平滑工具常用于调整三维模型的整体形态和表面光滑度。拉伸工具可以用来拉伸、挤压三维模型的部分区域，从而改变其形状和结构。平滑工具则可以去除三维模型表面不必要的锐角和棱边，使三维模型表面更加流畅和自然。

除以上常用的工具之外，还有一些具有特殊功能（如雕刻纹理、添加细节、镜像对称等）的数字雕刻工具，这些功能可以进一步丰富和完善使用者的数字雕刻体验。

通过深入研究数字雕刻工具的使用方法，使用者能够更加灵活地制作三维模型，从而实现更精细的雕刻效果。这些数字雕刻工具有助于使用者在数字平台上创作出更逼真、精美的三维作品，为数字艺术的发展和创新作出贡献。

3.3 音频技术

在虚拟现实系统中，音频技术扮演着至关重要的角色，是构建身临其境场景的重要组成部分。本节内容将深入探讨虚拟现实系统中音频技术的应用，涵盖声波与声音表示、音频处理技术、立体声与定位音效，以及环境声场模拟等多个方面。首先，介绍了声音的基本传播原理及其在数字系统中的表示方式，为理解音频技术奠定了基础。其次，详细讨论了多种音频处理技术，包括音频滤波与均衡、声音合成与变声、音频剪辑与混音，以及实时与延迟音频处理。这些技术的综合应用提升了虚拟现实系统中的听觉效果，增强了用户的沉浸感。最后，通过立体声合成、定位音效和环境声场模拟等技术，用户能够感知声音在虚拟环境中的具体位置，感受更加真实的声音，从而实现更真实的虚拟体验。整体来看，本节阐明了音频技术在构建虚拟现实环境中的重要性，展示了其在增强交互性和沉浸感方面的关键作用。

3.3.1 声波与声音表示

声波与声音表示是理解虚拟现实中音频技术的基础，如图3–15所示。声波是通过介质传播的机械波，频率和振幅决定了声音的音调和音量。在数字系统中，声音表示是通过采样和量化来实现，将模拟声音转换为数字信号进行处理和存储。

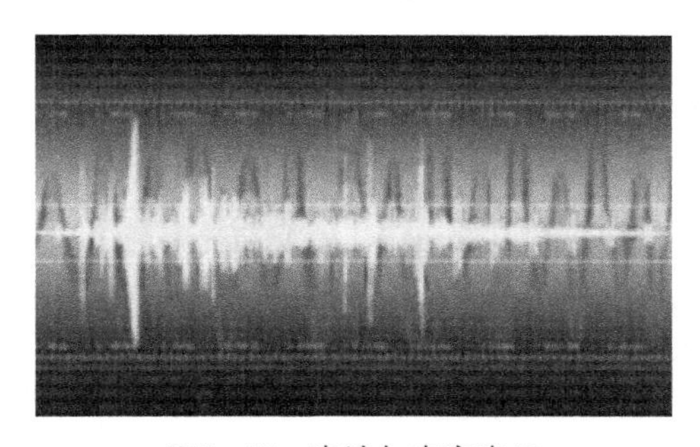

图3–15 声波与声音表示

声音由物体振动产生，振动的物体被称为声源。声音通过介质（如空气、固体或液体）传播，并能被人类或动物的听觉器官感知。声波是声音传播的形式，是一种机械波，由物体振动产生。声波传播的空间称为声场。在气体和液体中，声波以纵波的形式传播，而在固体中传播时可能会混合横波。人耳能够听到的声波频率通常在20赫兹到20 000赫兹之间。声波可以看作是介质偏离平衡状态的小扰动的传播，这个过程仅涉及能量的传递而没有质量的传递。如果扰动较小，声波的传递就符合经典的波动方程，即线性波。如果扰动较大且不满足线性波动方程，就可能出现波的色散和激波现象。了解声音的数字表示方式及其相关参数（如采样率和量化位数等）对声音质量的影响，有助于开发者更好地理解音频技术，并应用于构建的虚拟环境中。

3.3.2 音频处理技术

3.3.2.1 音频滤波与均衡器

1. 音频滤波。

音频滤波是一种调整声音频谱特性的技术，通过不同类型的滤波器可以增强或抑制特定频率的声音。常见的滤波器类型包括低通滤波器、高通滤波器、带通滤波器和带阻滤波器。允许低频信号通过，同时抑制高频信号。在虚拟现实应用中，使用低通滤波器可以模拟声音通过墙壁的效果，使用户更好地感知声音的来源和方向，增强虚拟环境的真实感。相反，允许高频信号通过时，抑制低频信号。这在虚拟现实应用中可以用于增强高频声音的清晰度，比如模拟远处的尖锐声音。使用带通滤波器，允许特定频率范围内的声音通过，同时抑制频率范围外的声音。它可以用于增强某一特定频率的声音，例如模拟电话线路的声音效果。使用带阻滤波器，可以滤除这些噪声中的特定频率成分，从而提高音频信号的清晰度和纯净度，使得用户在虚拟环境中能够听到更加清晰、逼真的声音效果。

2. 均衡器。

均衡器可以调整不同频率的声音强度，以获得更平衡的音质。均衡器允许用户调整低音、中音和高音的相对强度，从而使声音更加清晰、明亮或浑厚。在虚拟现实音乐应用中，用户可以使用均衡器调整乐曲中各个乐器的声音强度，使乐曲更加协调，从而提高乐曲表现的质量。

3.3.2.2 声音合成与变声

1. 声音合成。

声音合成通过算法或合成器生成声音，可以模拟各种声音效果，包括乐器音、自然音等。在虚拟现实游戏应用中，开发者通过声音合成技术可以创建出虚构生物的独特声音，增加游戏的奇幻感。

2. 变声。

变声是通过调整声音的频率、音调或其他参数来改变声音的音质，可用于创造特殊效果、模仿声音或增加创意元素。在虚拟现实教育应用中，开发者通过变声技术可以模拟历史人物的声音，使历史课程更具生动性。

3.3.2.3 音频剪辑与混音

1. 音频剪辑。

音频剪辑是通过选择、删除或调整声音文件的部分内容来制作出符合需求的音频作品。在虚拟现实旅游应用中，开发者通过音频剪辑可以为每个景点添加特定的音频导览，为用户提供更丰富的感官体验。

2．音频混音。

音频混音是将多个声音轨道合并成一个，创造出复杂的音频效果，调整不同声音元素之间的平衡。在虚拟现实电影制作中，开发者通过音频混音可以将角色对话、背景音乐和环境音效混合，创造出更逼真的听觉虚拟场景。

3.3.2.4 实时与延迟音频处理

1．实时音频处理。

实时音频处理中，为了避免音频数据处理速度慢于实际播放速度的问题，通常使用缓冲处理。这意味着在处理前将音频数据存储在缓冲区中，以确保在处理过程中不会出现中断或卡顿。在虚拟现实语音通话应用中，开发者为了确保通话质量，通常采用音频缓冲处理，以避免通话过程中出现声音断断续续的情况。

2．延迟音频处理。

延迟是指音频信号在传输或处理过程中的时间延迟。在某些情况下，有意识地引入延迟可以用于创造特殊效果或解决音频同步问题。在虚拟现实音乐演出应用中，开发者可以通过引入一定的音频延迟，使得虚拟演唱者的声音与虚拟乐队的演奏声实现更好的同步。

3.3.2.5 实时反馈与环境音模拟

1．实时反馈。

实时反馈是指在音频处理中，系统能够及时地响应用户的输入或环境变化，产生即时的音频效果。这可以增加用户的互动感和沉浸感。在虚拟现实游戏中，当玩家与虚拟环境中的物体交互时，系统通过实时反馈产生相应的音效，可以使玩家感受到互动的真实性。

2．环境音模拟。

环境音模拟是在虚拟现实应用中，通过模拟不同环境的音效，以增强用户的沉浸感。这包括模拟室内、室外，城市，森林等不同环境的声音。在虚拟现实培训应用中，当模拟火灾逃生场景时，系统通过环境音模拟可以让受训者听到火焰的噼啪声、人员的呼喊声等，以增强培训的真实感，增强培训效果。

3.3.3 立体声与定位音效

3.3.3.1 立体声

立体声是指使用两个或多个独立的声道（通常为左右两个声道）来传输音频信息，这些声道分别携带略有不同的音频信息。在不同的声道中播放略有不同的音频信号，可以创造出空间感和方向感。如在一首立体声音乐中，左声道可能携带吉他声的音频信息，而右声道可能携带鼓声的音频信息，两者的组合可以给听者营造出丰富的音乐体验。

立体声合成技术有定向性麦克风技术和头相关传输函数。定向性麦克风技术可以捕捉来自特定方向的声音，进而在立体声合成中模拟出音源的方向。使用定向性麦克风技术捕捉与虚拟人物对话方向相对应的声音，可以使得其他用户感觉到虚拟人物的位置。头相关传输函数是一种模拟人耳对声音的传递特性的技术，通过在立体声合成中应用头相关传输函数，可以模拟出在三维空间中的音源定位。在虚拟现实游戏应用中，采用头相关传输函数，可以使得玩家能够感受到敌人从不同方向发出的声音，提高游戏的沉浸感。

3.3.3.2 定位音效

1．定位音效的基本概念。

定位音效是指通过声音来确定音源在空间中的位置，包括水平定位（左右方向）和垂直定位（上下方向）。在虚拟环境中，系统通过改变声音的左右平衡、声音的强度等参数，可以模拟出音源的具体位置。

2．定位音效的方法。

在虚拟环境中的声音定位方法主要有四种：一是三角定位法，二是深度学习定位法，三是自适应定位法，四是混合定位法。这些定位方法的综合应用可以实现更逼真、精准的声音定位体验，提高虚拟环境中用户的沉浸感和交互性。

（1）三角定位法。

三角定位法通过测量声音到达不同位置的两个或两个以上的传感器的时间差，运用三角几何原理可以确定声源的位置。如用户通过在头部戴有多个麦克风的耳机，测量声音到达每个麦克风的时间差来确定特定声源的方向。

（2）深度学习定位法。

深度学习定位法通过训练模型来识别声音特征，可以实现对声源位置的精准定位。在虚拟现实应用中，虚拟现实系统使用深度学习定位法对用户的头部运动和声音方向进行分析，以更准确地模拟声源的位置。

（3）自适应定位法。

自适应定位法是指根据环境中的声学特性动态调整定位算法，以适应不同的环境和条件。在虚拟环境中，自适应定位法可以根据用户所处的虚拟环境的特点，调整声音定位算法，以提供更逼真的听觉体验。

（4）混合定位法。

混合定位法是指结合多种定位方法，如三角定位法、深度学习定位法等，以提高定位的准确性和稳定性。在虚拟现实会议应用中，虚拟现实系统可以使用混合定位法，综合利用头部运动和声音到达时间的信息，实现用户与虚拟人物更精准地交互。

3.3.4 环境声场模拟与音频技术的构成

3.3.4.1 环境声场模拟

一方面，系统通过在音频中加入特定环境的声音特征，如房间大小、各类材质的反射声等，使用户感受到虚拟环境中的真实声音。在虚拟现实建筑设计应用中，环境声场模拟可以让设计者听到虚拟建筑中不同空间的声学效果，帮助他们进行声学优化。

另一方面，系统根据用户位置和虚拟场景的变化，动态调整模拟的环境声场，以更好地适应用户的体验需求。在虚拟现实游戏应用中，虚拟现实系统通过实时环境调整，可以根据用户在虚拟环境中的移动，调整虚拟环境的声音效果，为用户创造出更具沉浸感的体验。

3.3.4.2 音频技术的构成

虚拟现实的音频技术包含虚拟环境中的音频设计原则、音频与虚拟环境交互、视觉与听觉一体化这三个部分。

1. 音频设计原则。

音频设计原则包括情境音效设计和用户导向的音频反馈。开发者通过巧妙使用音效，能够使用户感知声音来自于虚拟环境中的特定位置。

2. 音频与虚拟环境交互。

音频与虚拟环境交互，为用户提供其与虚拟环境交互行为相关的音频反馈，以增强用户对自己行为的感知。这包括按键声、物体碰撞声等。在音频与虚拟环境交互中，需要运用位置感知技术，包括传感器技术和摄像头技术等。例如，在虚拟现实头戴式设备中，内置的传感器能够追踪用户头部的旋转和倾斜，以便调整用户在虚拟环境中的视角。同时，虚拟现实系统使用摄像头对用户进行视觉追踪，以获取更准确的位置信息。这可以通过计算摄像头捕捉到用户在画面中的位置来实现。虚拟现实系统通过摄像头捕捉用户的面部和身体动作，可以更自然地在虚拟环境中呈现用户的表情和姿态。

3．视觉与听觉一体化。

视觉和听觉一体化是非常重要的，特别是头部定位音频技术和视听一体化反馈技术。头部定位音频技术是将音源的定位与用户头部的实际位置相结合，以实现更逼真的听觉体验。这需要通过定位算法和传感器技术来计算音源相对于用户头部的位置。视听一体化反馈技术是通过将用户的视觉反馈和听觉反馈相结合，创造出更加一体化的虚拟体验。例如，在虚拟现实应用中，用户的头部运动可以影响他们在虚拟环境中的视角，且声音的方向也会相应调整，以维持一致的感知。

3.4 交互设计与用户体验

3.4.1 交互设计概述

在虚拟现实系统中，交互设计是至关重要的一环，直接影响用户在虚拟环境中的感知度和参与度。良好的交互设计能够提升用户体验，使用户更自然、流畅地与虚拟环境进行互动。交互设计不仅是技术层面的考量，更是一门融合了心理学、人机工程学和设计学等的综合性学科。交互设计的目标是创造一种令用户感到自然、直观，同时兼顾高效性和愉悦感的虚拟体验。

3.4.1.1 导航、指引及界面的简洁清晰性

在虚拟现实系统中，用户可能面临复杂的任务和环境。为了减轻用户的认知负担，交互设计应当简化用户与虚拟现实系统之间的交互过程。清晰的导航、明确的指引及简洁的界面元素都能够帮助用户更轻松地理解和操作虚拟现实系统。

提供直观且易于理解的导航系统，可以帮助用户在虚拟环境中迅速定位和移动，减少用户在虚拟环境中迷失的可能性，提高用户的效率和舒适度。在关键任务或场景中及时提供明确的指引或提示（如通过文字、图标、动画等形式呈现），引导用户进行正确的操作或决策，确保用户能够准确理解并快速响应。精简和优化界面元素，避免过多复杂的功能和选项，可以减少用户在操作时的混淆和困惑，降低用户的认知负担，使用户更容易理解和使用系统。

3.4.1.2 体验的沉浸感

交互设计需要使用户完全融入虚拟环境中，为用户创造一种身临其境的感觉。这包括合理运用立体声音效技术、全息投影技术等，使用户感受到来自虚拟环境的声音和影像，提高用户的整体沉浸感。

使用立体声音效技术，将声音从不同的方向传送到用户的耳朵，以模拟真实世界中声音的来源和方向，增强用户对虚拟环境的感知，进一步提升沉浸感。借助全息投影技术，将虚拟物体以逼真的形式呈现在用户周围的虚拟环境中，这样既可以创造出立体的视觉效果，使用户感觉仿佛身处于虚拟环境中，增强用户的沉浸感和参与度，又可以结合触觉反馈技术，让用户通过触摸、手势等方式与虚拟环境进行互动，增强用户对虚拟物体的感知，使用户在虚拟环境中的行为更加真实和自然。

3.4.1.3 动作和反馈的一致性

虚拟现实系统对用户的动作应能产生一致的反馈，使用户在虚拟环境中感知到自己的行为与反馈之间的紧密联系。例如，用户在虚拟环境中举起手臂，虚拟现实系统应能准确捕捉并产生相应的虚拟反馈，举起用户的虚拟手臂。这种一致的反馈不仅增强了用户的沉浸感，而且提高了用户的互动体验，使用户感到更加自然和舒适。因此，在设计交互反馈时，需要确保虚拟现实系统能够准确地感知用户的动作，并及时做出相应的反馈，以实现用户与虚拟环境之间的紧密互动。

3.4.1.4 情感设计与用户情感共鸣

交互设计应当考虑用户的情感体验。虚拟环境中的美学设计、音效的运用及情感化的交互元素，都能使用户产生更加深刻的情感共鸣，提升用户对虚拟现实体验的满意度。美学设计可以创造出令人愉悦的视觉效果，增强虚拟环境的吸引力和用户的舒适感。音效的运用可以营造出适合的氛围，引发用户的共鸣和情感反应。情感化的交互元素可以通过人性化的设计和情感化的反馈，来增强用户对虚拟环境的情感投入和参与感。总之，在进行交互设计时，开发者需要综合考虑用户的情感需求，设计出富有情感表达的虚拟体验，提升用户对虚拟现实系统体验的满意度。

3.4.1.5 适应性与可定制性

不同的用户有不同的偏好和需求。因此，虚拟现实系统的交互设计应具备一定的适应性和可定制性。用户可以根据个人偏好调整虚拟环境的设置、交互方式等，以满足自己的需求。具备适应性和可定制性的交互设计可以增强用户的参与感和掌控感，使他们愿意沉浸于虚拟环境中，并获得更加个性化和满意的体验。

3.4.1.6 多模态交互

虚拟现实系统可以结合多种感知模式，如视觉、听觉、触觉等，实现更丰富、更自然的交互体验。这需要综合考虑各种感知通道的设计和协同工作，以创造更逼真、更全面的虚拟感知。通过合理设计和整合不同感知通道的交互元素，虚拟现实系统可以让用户在虚拟环境中获得身临其境的体验，增强用户的参与感和沉浸感。在实际应用中，开发者应当根据特定虚拟现实应用的需求和用户群体的特点，灵活运用这些技术，以达到最佳效果，最终实现用户体验效果的最优化。开发者通过用户测试和反馈循环，不断地优化和改进交互设计，这将有助于建立一个深受用户喜爱的虚拟现实系统。

3.4.2 交互设计原则

在虚拟现实系统中，交互设计原则需要结合虚拟环境的特性，以确保用户在沉浸式体验中顺利执行任务。交互设计原则主要包括自然性、一致性、反馈及时性和可控制性。这些原则共同促进了用户与虚拟环境之间更加自然、流畅的互动。

3.4.2.1 自然性

虚拟环境中的交互应当尽可能还原真实世界，使用户感到自然且无障碍。例如，用户的手势、头部运动等动作能得到准确而迅速的响应。这种自然的交互方式可以增强用户的沉浸感，让用户更轻松地与虚拟环境进行互动，提升用户的整体体验感。

3.4.2.2 一致性

在虚拟现实系统中，保持界面元素和交互方式的一致性有助于用户对虚拟环境的理解和掌握。一致性的设计可以减少用户的认知负担，使用户更容易学习和使用虚拟环境中的各种功能，更快地适应新的任务和场景，增强沉浸感，提高满意度。

3.4.2.3 反馈及时性

虚拟现实系统应能迅速响应用户的操作，提供即时的视觉、听觉等反馈，以增强用户的沉浸感和互动体验。迅速的反馈能够增强用户对虚拟环境的控制感和参与感，使用户感觉与虚拟环境之间的互动更加自然和流畅。反馈及时性也有助于用户更好地理解自己的行为如何影响虚拟环境，从而提高投入度和参与度。

3.4.2.4 可控制性

用户需要有一定的控制权，能够灵活地调整虚拟环境中的设置和交互方式，以满足个性化需求。这种控制权包括调整视角、改变环境设置、定制交互方式等。虚拟现实系统应当允许用户根据个人喜好和需求进行控制，提高他们的舒适度和参与感，从而提高他们的体验满意度。

3.4.3 用户体验设计

用户体验设计是虚拟现实系统中不可或缺的部分，目标是创造一个令用户感到愉悦、舒适，并能够高效完成任务的虚拟环境。用户体验设计主要包括感知和沉浸、人机交互界面设计和用户参与度三个方面。

3.4.3.1 感知和沉浸

在虚拟现实系统中，感知和沉浸是用户体验的核心。通过优化视觉、听觉和触觉等感知元素，虚拟现实系统可以提供更加逼真、细致的体验。例如，头戴式显示器采用高分辨率显示屏和立体声音效，使用户感觉自己仿佛真实地置身于虚拟环境之中。以虚拟现实游戏《节奏光剑》为例，游戏通过引入光剑与音乐相结合的元素，有效地提升了玩家的感知能力和沉浸感。

3.4.3.2 人机交互界面设计

在虚拟环境中，人机交互界面设计至关重要。考虑到头戴式显示器、手势识别等的特殊性，开发者需要创造直观、易用的用户界面，合理设计虚拟按钮、菜单和交互元素，确保用户能够轻松地理解和操作。在虚拟现实培训应用中，采用手势识别技术实现用户在虚拟空间中的操作，如通过手势选择菜单、调整虚拟工具等。这种直观的交互方式使用户更容易上手，提高了培训的效果。

3.4.3.3 用户参与度

提高用户的参与度是增强用户体验的有效途径。引入社交互动、多用户协作等元素，可以使用户在虚拟环境中获得更强烈的参与感和社交体验。在虚拟会话中，用户可以通过虚拟头像互动，实现远程多用户协作。这种形式的虚拟社交提供了更自然、亲密的参与体验，从而提高了用户的参与度。

通过合理整合这些要素，开发者能够创建出一个引人入胜、具有吸引力的虚拟环境。因此，开发者应定期进行用户反馈和测试，根据用户需求不断优化设计，进一步提升用户的体验感，使虚拟现实系统更贴近用户期望，更好地满足用户的需求。

3.4.4 交互设计工具与技术

3.4.4.1 手势识别技术

手势识别技术在虚拟现实系统中扮演着重要角色，允许用户通过手部动作与虚拟环境进行互动。这种技术利用传感器和深度学习算法等技术，能够准确捕捉用户手部运动和姿势，并将其转化为虚拟环境中的控制指令或操作。通过手势识别技术，用户可以在不使用物理设备的情况下操作虚拟界面、选择菜单、调整视角等，实现更直观、自然的交互方式。这种技术在虚拟现实游戏、培训、设计等领域都得到了广泛的应用，为用户带来了更具沉浸式和便捷性的体验。

1．手势识别技术的原理。

手势识别技术基于计算机视觉和图像处理原理，通过深度传感器捕捉用户手部运动和姿势，然后将其转换为计算机可理解的指令。使用手势识别技术，用户可以通过手指在计算机屏幕上的指向来移动光标，与设备进行交互，从而使常规输入设备（如鼠标、键盘甚至触摸屏）变得不那么必要，如图3-16所示。最常见的手势识别技术包括基于视觉的二维手势识别和基于深度感知的三维手势识别。二维手势识别通常用于平面屏幕，而三维手势识别更适用于虚拟现实系统。

图3-16　手势识别技术

2. 手势识别技术的应用场景。

手势识别技术在虚拟现实领域中的应用涵盖了多个方面，包括虚拟现实游戏、虚拟培训和模拟、虚拟会议和协作等。在虚拟现实游戏方面，手势识别技术使玩家能够以更直观的方式进行游戏控制，如挥动手臂来模拟武器挥动的动作，或者使用手指进行特定手势来触发特殊技能，从而提升用户对游戏的沉浸感。在虚拟培训和模拟方面，手势识别技术可用于模拟各种行业的操作，如在医学中进行手术操作模拟，通过手势来操控虚拟工具，为培训者提供更直观、更具实践性的培训体验。此外，在虚拟会议和协作方面，与会者可以通过手势进行实时交互，如通过手势举手发言、切换屏幕等，增强远程协作的自然感，提高会议效率和增强与会者的互动性。这些示例展示了手势识别技术在不同领域中的广泛应用，为用户带来了更加直观或更具沉浸式的虚拟体验。

3. 手势识别技术案例分析。

体感控制器是一款基于光学传感器的手势识别设备，如图3-17所示。高精度的动作捕捉功能使体感控制器在虚拟现实技术和增强现实技术领域得到广泛应用。在虚拟现实游戏中，用户可以利用体感控制器进行手势控制，如捕捉、投掷物体等，从而增强用户对游戏的沉浸感。在虚拟培训中，体感控制器被广泛应用于模拟各种手部操作，如操作虚拟仪器或进行虚拟手术，为用户提供更加真实的实践机会。

图3-17 体感控制器

下面是一些关于体感控制器使用的一些资料。

（1）开发工具包下载。可在开发者网站（https: //developer.leapmotion.com/unity）下载Unity SDK。

（2）模块包下载。可在GitHub平台（https: //githuB.com/leapmotion/UnityModules）上下载Unity Modules。

（3）开发工具包讲解。可在Ultraleap官网（https: //leap2.ultraleap.com/downloads/）上查阅Unity官方SDK技术手册。

（4）教学视频。可在视频平台（https: //www.bilibili.com/video/BV1oT4y1N7hD）上观看Unity的示例讲解。

3.4.4.2 智能体感设备

智能体感设备利用传感器捕捉用户的身体动作，让用户能够更加自如、直观地在虚拟环境中移动和与之互动。

1．体感手柄。

体感手柄是一种搭载传感器的手持设备，能够准确地追踪用户手部姿势和动作，从而使用户在虚拟环境中实现更加自然、精准的操作。通过体感手柄，用户可以更直观地与虚拟环境进行互动，增强用户的沉浸感和真实感。

以PlayStation Move为例，这是索尼公司推出的一款体感手柄，专为与PlayStation VR配套使用而设计，如图3-18所示。相较于常用的Wii遥控器手柄，PlayStation Move的体感控制更为简洁，没有十字键及A、B键或1、2键。它的导航键位于手柄中央位置，扳机键位于手柄下方，此外还有五个前置按键。通过PlayStation Move手柄，玩家可以在虚拟环境中模拟使用武器、工具等操作，如挥动剑、射击等，获得更加逼真的虚拟现实游戏体验。目前，索尼公司支持PlayStation Move的游戏有网球、拳击、射击等类型，对玩过《Wii Sports》《银河战士》和《超级马里奥》的玩家来说，这是再熟悉不过的游戏类型。PlayStation Move的应用为用户提供了更加丰富的虚拟现实互动体验，使玩家能够更沉浸地体验虚拟环境。

图3-18　PlayStation Move

2．体感衣物。

体感衣物是一种集成了传感器和反馈设备的穿戴式装置，能够全面追踪用户的身体动作，并提供相应的身体反馈，使用户在虚拟环境中能够更加全面地参与虚拟活动，如图3-19所示。

Tesla Suit是一款典型的全身穿戴式体感装置，内置了一系列网格状分布的传感器，能精准捕捉用户的动作指令。此外，Tesla Suit还有52个电信号传导通道，能够发出微小的电刺激信号，模拟出不同的感官刺激体验。例如，Tesla Suit能够在用户进行虚拟现实游戏时，为虚拟现实头盔中的处理器提供用户全身动作信息。Tesla Suit捕捉到用户的动作信息后，可以模拟出刺激信号，让用户感觉到夏日微风的吹拂，或者是中弹时的冲击力，使用户在虚拟环境中感受到更加逼真的触感和身体反馈。这种设备在虚拟培训、医学模拟等领域中也有广泛的应用。例如，在虚拟培训中，Tesla Suit可以帮助培训者模拟各种真实场景（如火灾逃生、危险操作等），从而提高培训的真实感和效果。在医学模拟方面，Tesla Suit可以用于模拟手术操作、康复训练等，从而帮助医学学习者和医护人员提升技能水平。

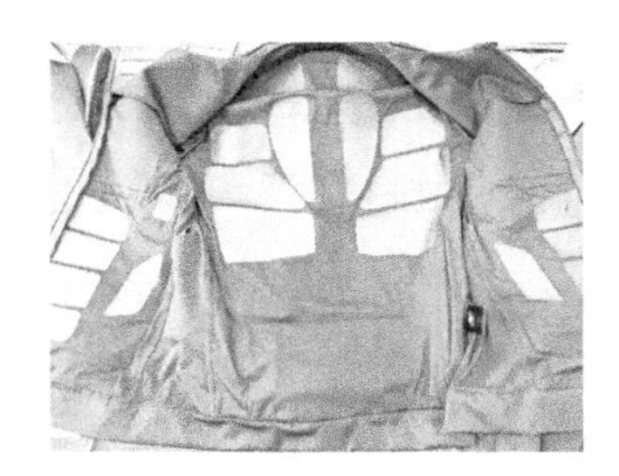

图3-19　体感衣物

3．自然步态感应器。

自然步态感应器通常是指搭载在用户的鞋子或脚踝部位的虚拟现实设备，用于捕捉用户行走和移动的步态，从而在虚拟环境中展现更自然的行走和移动。

例如，Vive Tracker就是一种典型的自然步态感应器，可以安装在鞋子上，如图3-20所示。Vive Tracker虚拟现实套装中的一个组件。Vive Tracker为人们提供了另一种实现增强虚拟现实的方式，想象一下，如果用户在虚拟环境中看见了一个网球拍，而现实世界中在相同的位置也存在着一个相同的网球拍，当用户在现实世界中拿起网球拍左右挥动的时候，虚拟环境中的网球拍也会左右挥动，此时这个网球拍就成了虚拟环境和现实世界的交集。

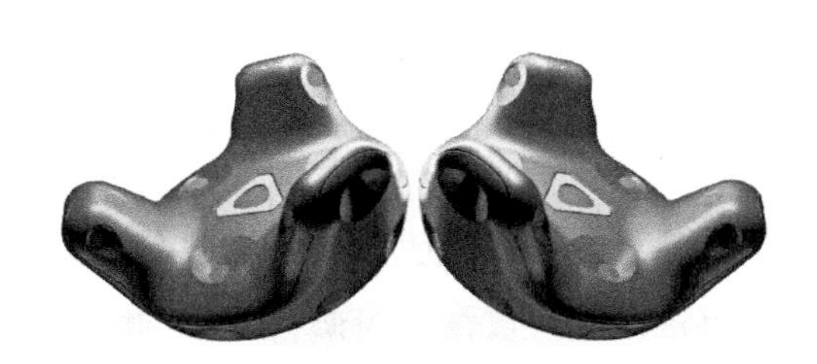

图3-20　Vive Tracker

3.4.5 用户测试与优化

3.4.5.1 用户测试方法

为了验证虚拟现实系统的交互设计和用户体验效果，采用有效的用户测试方法是关键的。一些常见的用户测试方法包括用户调查、用户观察、用户反馈及眼动追踪（Eye Tracking）技术。通过这些方法，开发者可以深入了解用户的感受、行为和需求，从而优化虚拟现实系统的设计和功能，提升用户的体验感。

1．用户调查。

用户调查是一种常用的方法，通过问卷、访谈等方式收集用户的意见和反馈。通过用户调查，开发者可以获取用户对虚拟现实系统使用体验的主观评价和建议，从而改进虚拟现实系统的设计和功能。例如，在虚拟医学培训应用中，开发者可以通过分发问卷来调查医学学习者对虚拟手术模拟体验的满意度和对虚拟现实系统改进的建议。这种用户调查不仅能够帮助开发者了解用户的感受和需求，而且能够为虚拟现实系统的持续改进提出宝贵的参考意见。

2．用户观察。

用户观察是一种直接观察用户在虚拟环境中行为和反应的方法，以收集用户在使用虚拟现实系统过程中的实际数据。这种方法可以揭示用户在虚拟现实系统中的真实行为和需求，为开发者改进虚拟现实系统提供宝贵的参考。例如，在一个虚拟现实教育应用中，开发者可以利用用户的视角观察记录学习者在虚拟实验室中的操作行为、发现潜在用户的困惑点和使用障碍，以便进行相应的界面和交互优化。这种方法不仅能够帮助开发者了解用户在虚拟环境中的行为模式，而且能够发现用户在体验中遇到的问题和虚拟现实系统需要改进之处，从而不断提升系统与用户交互的友好性和用户的使用效果。

3．用户反馈。

用户反馈是指用户在使用虚拟现实系统过程中提供的反馈意见和建议。这种反馈可以通过多种途径收集，包括在线反馈表单、用户评论、社交媒体互动等。例如，开发者可以通过仔细阅读用户的评论来了解用户对虚拟现实系统的功能、内容、交互性等方面的评价。这些评论可能涵盖用户对应用内容的喜好、功能的满意度，以及改进建议等。总之，开发者可以根据用户反馈及时调整和改进虚拟现实系统的体验，从而提高用户满意度和虚拟现实系统的应用质量。

4. 眼动追踪。

眼动追踪通过追踪用户的视线移动，以揭示用户在虚拟环境中的注意力分布。这种方法对了解用户对虚拟环境中各个元素非常有用。例如，在一个虚拟博物馆应用中，开发者可以利用眼动追踪记录用户在浏览虚拟展品时的视觉焦点。通过分析这些数据，开发者能够确定用户更关注的展品，并了解用户对不同展品的兴趣程度。这有助于开发者优化展示方式，如通过调整展品的位置、大小、明暗度等因素，以提高用户对展品的注意力和体验感。同时，这种分析还能帮助开发者改进虚拟博物馆的布局和展示策略，从而更好地满足用户的参观需求。

总的来说，这些测试方法的选择应根据具体的虚拟现实应用和研究目的来确定。通过综合使用不同的测试方法，开发者可以更全面地了解用户对虚拟现实系统的体验感，为虚拟现实系统的优化提供有力的支持。

3.4.5.2 迭代优化

迭代优化是根据用户测试结果，不断进行虚拟现实系统改进和调整的过程。用户反馈是迭代优化的重要信息源，开发者可以根据用户反馈进行优化，使用分阶段的迭代方法逐步完善虚拟现实系统的各个模块和功能，同时利用A/B测试在真实用户环境中比较不同设计选择的效果。此外，关注虚拟现实系统性能和稳定性是迭代优化的重要方面，开发者应确保虚拟现实系统运行流畅，没有明显的延迟或故障，提升用户的体验感。

1. 根据用户反馈优化。

用户反馈是虚拟现实系统优化的重要依据。通过认真分析用户的意见和建议，开发者可以发现虚拟现实系统存在的问题，从而有针对性地进行改进和优化。

例如，一款虚拟现实旅游应用收到用户反馈，指出在导航过程中用户容易迷失方向，导致体验满意度下降。开发者针对这一问题进行了优化，重新设计了导航界面，增加了更明显的方向标志和导航提示，提高了用户在虚拟环境中的导航体验。又如，一款虚拟现实会议应用收到用户反馈，指出在会议过程中虚拟现实系统对用户的语音识别不够准确，影响了会议的效率和流畅度。开发者基于这一反馈加强了语音识别算法，提升了识别准确度和响应速度，使用户在虚拟现实会议中能更加便利地进行沟通交流。

2. 使用分阶段的迭代方法。

迭代优化是持续改进虚拟现实系统的重要策略之一。开发者可以通过分阶段的方式，逐步完善虚拟现实系统的不同模块和功能，以提升用户的体验感和虚拟现实系统的性能。这种方法有助于保持虚拟现实系统的稳定性，同时也能使开发者集中精力解决特定问题，提高开发者的工作效率和质量。

例如，一个虚拟现实培训系统在初版推出后，发现用户对特定场景的交互体验不够满意。开发者决定采用分阶段的迭代优化方式，以场景为单位，逐步改善每个场景的交互设计。他们首先对用户反馈的问题进行分析，然后在小规模的迭代中逐步调整和改进交互方式、优化虚拟现实工具的操作性等方面。经过多次迭代，每个场景的用户体验感均得到了显著提升，最终也提高了整个虚拟现实系统的应用质量和用户满意度。

3．利用A/B测试。

A/B测试是一种有效的方法，开发者通过同时推出两个或多个不同版本的虚拟现实系统，观察用户对各个版本的反应，从而确定更受用户欢迎的版本。这种方法在真实用户环境中直接比较不同设计的效果，从而帮助开发者做出更明智的决策。

例如，一款虚拟现实旅游应用在新版本发布前使用A/B测试。开发者针对其中一个版本改变了导航方式，使导航方式更直观。在测试阶段，一部分用户使用了原有的导航方式，而另一部分用户使用了新设计的导航方式。通过比较两个版本的用户使用数据，包括用户的点击量、停留时间、转化率等指标，开发者能够确定哪种导航方式更具优势，并最终将其应用于正式发布的版本中。又如，虚拟现实购物应用也可以使用A/B测试来比较不同的产品展示方式。开发者可以将一部分用户导向原有的产品展示界面，而将另一部分用户导向新设计的产品展示界面。通过观察用户的浏览和购买行为，开发者可以确定哪种展示方式更能吸引用户的注意力，从而提高购买转化率，达到商业效果。

总的来说，A/B测试是一种有效的测试方法，可以帮助开发者在真实环境中评估不同设计的效果，从而做出更符合用户需求的决策。

4．关注虚拟现实系统性能和稳定性。

迭代优化不仅限于用户界面和交互设计，还包括虚拟现实系统性能和稳定性的改进。确保虚拟现实系统运行流畅、没有明显的延迟或故障对用户的体验至关重要。

例如，一款虚拟现实游戏在初期推出时遇到了性能问题，导致用户在使用时经常遇到卡顿和崩溃的情况。开发者认识到这一问题的严重性，于是着手进行虚拟现实系统性能的迭代优化。首先，他们对游戏引擎进行了深入分析，找出了性能瓶颈，并进行了有针对性的优化。其次，他们优化了图形渲染的流程，采用了更高效的算法和技术，以提升游戏的帧率和画面流畅度。最后，他们通过优化内存管理和资源加载机制，降低了游戏运行时的内存占用和加载时间，从而进一步改善了用户玩游戏的体验。

随着多次迭代的进行，持续地关注和改进系统的性能和稳定性，开发者成功地使用户能够更加流畅地享受游戏，进一步提升了游戏的用户留存率和口碑。

综上所述，用户测试结果和反馈是指导虚拟现实系统改进的关键。通过不断迭代优化，虚拟现实系统可以更好地满足用户的需求，提升游戏的可用性和用户的体验感。这种持续性的改进有助于虚拟现实系统在竞争激烈的市场中保持竞争力。

只有通过综合使用不同的用户测试方法和迭代优化策略，开发者才能全面了解用户需求，不断改进虚拟现实系统，提升用户的体验感和虚拟现实系统的应用质量。

课后习题

一、单选题

1. 虚拟现实系统中用于捕捉用户手部动作的关键技术是（　　）

A. 眼动追踪技术　　B. 手势识别技术

C. A/B测试　　D. 用户调查

2. 下列技术中可以通过追踪用户的视线移动来揭示其在虚拟环境中的注意力分布的是（　　）

A. 眼动追踪技术　　B. 用户观察

C. 用户反馈　　D. A/B测试

3. 虚拟现实系统中用于模拟用户在虚拟环境中行走和移动的关键技术是（　　）

A. 手势识别技术　　B. 自然步态感应技术

C. 眼动追踪技术　　D. 用户观察

4. 下列装置可以通过追踪用户的整个身体动作来增强其在虚拟环境中的沉浸感的是（　　）

A. 体感手柄　　B. 头戴式显示器

C. 体感衣物　　D. 光学传感器

二、多选题

1. 虚拟现实系统的关键技术包括（　　）

A. 手势识别技术　　B. 眼动追踪

C. 用户调查　　D. 用户观察

2. 用户反馈是优化虚拟现实系统的重要路径之一。下列选项中可以收集用户反馈的是（　　）

A. 在线反馈表单　　B. 用户评论

C. 社交媒体互动　　D. 用户调查

3. 迭代优化虚拟现实系统的方法包括（　　）

A．根据用户反馈进行优化　　B．使用分阶段的迭代方法

C．利用A/B测试　　D．关注虚拟现实系统性能和稳定性

三、简答题

1．虚拟现实系统中的手势识别技术是如何工作的？

2．什么是自然步态感应器？它在虚拟现实系统中的作用是什么？

3．简要描述一下A/B测试在虚拟现实系统中的应用。

04

第4章

Unity基础

Unity不仅在游戏开发领域大放异彩，还广泛应用于建筑可视化、汽车模拟、电影动画制作等多个领域。本章将从Unity基础的开发环境展开介绍，了解Unity的安装与启动。随后，探讨了Unity中的场景与对象。同时，脚本编程语言作为连接游戏设计和游戏功能的桥梁，将成为我们关注的重点。此外，本章还将介绍Unity中的物理引擎，学习如何使用刚体、碰撞器等组件来模拟真实的物理效果，以及如何利用触发器和射线投射等功能来增强虚拟现实游戏的交互性。

4.1 Unity开发环境

4.1.1 Unity的介绍与安装

4.1.1.1 Unity概述

Unity 3D（以下简称Unity），是Unity Technologies公司开发的一款综合型游戏开发工具，让开发者能够轻松地创建三维视频游戏、建筑可视化、实时三维动画等类型的互动内容。Unity可在Windows、Mac OS X等操作系统上运行，并支持发布游戏至Windows、Mac、Wi、iPhone、WebGL（需要HTML5）、Windows Phone 8和Android等多个平台。此外，Unity也可以使用Unity Web Player插件发布网页游戏。

Unity是一个全面整合的专业游戏引擎。当前市场上存在许多商业游戏引擎和免费游戏引擎，其中著名的商业游戏引擎包括Unreal Engine、C^2engine、Havok Physics、Game Bryo、Source Engine等，但这些游戏引擎价格昂贵，导致游戏开发成本增加。相比之下，Unity Technologies公司提出了“大众游戏开发（Democratizing Development）”的理念，提供了任何人都可以轻松开发游戏的引擎，即Unity，这使得开发者不再受制于价格。Unity一词的中文意思是“团结”，核心含义是游戏开发需要团队相互配合、合作才能完成。Unity这一引擎以其强大的跨平台特性和出色的3D渲染效果而闻名于世，许多商业游戏和虚拟现实产品都采用了Unity进行开发。作为一款功能强大的游戏开发工具，Unity使开发者能够创建二维、三维游戏及交互式内容，如虚拟现实应用和增强现实应用。为促进开发者之间的交流，Unity还设有庞大的开发者社区和丰富的资产商店，开发者可以在商店购买或销售游戏资产，如模型、纹理、音效和脚本等，这大大加速了开发进程。Unity适用于各级别的开发者，从初学者到专业团队，都能利用其功能来实现创意和愿景。

4.1.1.2 Unity特点

Unity最引人注目的优势在于跨平台能力，它允许开发者构建的项目在多种设备或平台上运行，从而极大地扩展了游戏和应用的可及性。Unity提供了一套全面的开发工具，包括先进的物理引擎、3D渲染能力、动画系统、粒子系统、可视化编辑器、脚本接口，以及用于音频处理的工具，这让开发者可以轻松地创建复杂的游戏机制和动态的交互效果。Unity是功能组件式编程，类似搭积木，提供了各种游戏所需的常见功能模块组件接口的封装，开发者可直接调用拼接，组件式架构也让游戏对象的管理和复用变得简单直观。同时，Unity拥有高性能的图形引擎，拥有最新的渲染技术和高质量的视觉效果，包括实时光线追踪、高动态范围成像（High Dynamic Range Imaging，HDR）和基于物理的渲染（Physically Based Rendering，PBR）等，使得创建逼真的视觉体验成为可能。Unity支持的平台超过25个，包括个人计算机（Windows、Mac、Linux）、移动设备（iOS、Android）、游戏主机（如PlayStation、Xbox、Nintendo Switch）、WebGL，以及各种虚拟现实或增强现实设备。这意味着开发者可以从单一的源代码构建并部署到多个平台，大大提高了开发效率和作品的可及性。Unity使用C#语言作为主要的脚本语言，通过Unity应用程序编程接口（Application Programming Interface，API），开发者可以编写脚本来控制游戏的逻辑和行为。Unity丰富的应用程序编程接口和广泛的文档资源使得开发者能够快速学习并实现复杂的功能。

在易用性和灵活性上，Unity的用户界面直观，易于学习，使得初学者也能快速上手。同时，Unity拥有全球最大的游戏开发者社区，开发者提供大量的学习资源、教程和论坛支持。Unity资产商店也提供了成千上万的资源和工具，使Unity拥有高度的定制能力和扩展性，可满足专业开发者的复杂需求。开发者也可以购买或出售其中资产，加速开发进程。

4.1.1.3 Unity应用领域

Unity不仅用于游戏开发，而且广泛应用于其他领域，如建筑可视化、汽车模拟、电影动画制作和医学模拟等。Unity展示了多功能性和适应性。从独立游戏到大型多人在线游戏（Massive Multiplayer Online Game，MMOG），Unity都能提供开发者所需的工具和功能。

Unity是开发虚拟现实和增强现实体验的主要平台之一，在丰富的功能和工具支持下，能使开发者创造沉浸式的虚拟环境和交互体验。Unity被用于创建高度逼真的模拟环境，用于培训和教育等，如在军事、航空、医学等领域。Unity在建筑可视化和工程模拟中的应用也日益增多，能帮助设计师以三维形式展示和验证他们的设计。此外，Unity的实时三维技术也被用于电影和动画的制作，特别是在预可视化和虚拟制作中。

4.1.1.4　安装Unity

Unity Hub是一种管理工具，允许用户管理所有的Unity项目和安装。通过Unity Hub，用户可以管理多个Unity编辑器的安装及其关联组件，创建新项目，以及打开现有项目。因此，安装Unity前需要先安装Unity Hub。

要安装Unity Hub程序，需要执行以下操作：

（1）转到Unity网站上的Download Unity页面。

（2）选择下载“Unity Hub”。

（3）打开安装程序文件。

（4）按照Unity Hub设置窗口中的说明进行操作。

首次安装Unity Hub时，Unity Hub将运行并打开欢迎页面。若要继续浏览Unity Hub，则开发者需要使用Unity账户登录。若没有账户，则开发者需要选择“创建Unity ID”，以创建新账户。

需要注意的是，首次启动Unity Hub时，可能会提示需要授予它访问某些文件系统位置的权限或允许其通过防火墙进行连接。开发者需要接受这些请求，以帮助Unity Hub访问开发者的项目和编辑器安装，并使Unity能够从云服务器获取资源。

开发者可以使用Unity Hub管理Unity编辑器的多个安装及其关联的组件和模块。若要查看已添加到Unity Hub的编辑器版本，则需要选择Unity Hub左侧面板上的“安装”选项卡。这显示了开发者当前可以通过Unity Hub打开所有编辑器版本和模块，通过在页面顶部的选项卡之间切换来查看正式版本或预发布版本。Unity Hub在名称下方的标签中显示每个编辑器的目标平台。

要在虚拟现实系统的文件管理器中查看编辑器文件，开发者需要右键单击“编辑器版本”或选择齿轮图标⚙，以打开上下文菜单并选择第二个选项（Windows：在资源管理器中显示；MacOS：在Finder中显示；Linux：在文件浏览器中显示）。

要使用Unity创建内容，首先要下载Unity引擎。除核心引擎之外，开发者还可以下载用于部署到各种不同平台的可选模块，以及用于将Unity脚本集成到Visual Studio中的工具。Unity Hub支持以下操作系统：

（1）Windows 7 SP1+，Windows 8，Windows 10（64-bit versions），Windows 11。

（2）MacOS X 10.13+。

（3）CentOS 7。

（4）Rocky。

（5）Ubuntu 18.04，Ubuntu 20.04，Ubuntu 22.04。

具体可以参阅Unity Hub官网（https://docs.unity.cn/hub/manual/InstallHuB.html）了解更多信息。接下来，点击想要的平台来安装Unity。在本书中，我们将讨论Windows版本的引擎。

此外，建议安装最新版本的Visual Studio。与Unity附带的标准MonoDevelop IDE相比，Visual Studio提供了许多有用的工具，可选择需要的组件，包括引擎本身、引擎文档、IDE，按照说明和选项进行操作，下载并安装Unity至需要安装的计算机上。

下载安装程序后，浏览组件列表，直至到达如图4-1所示的列表，选择要安装的Unity组件（Component）。

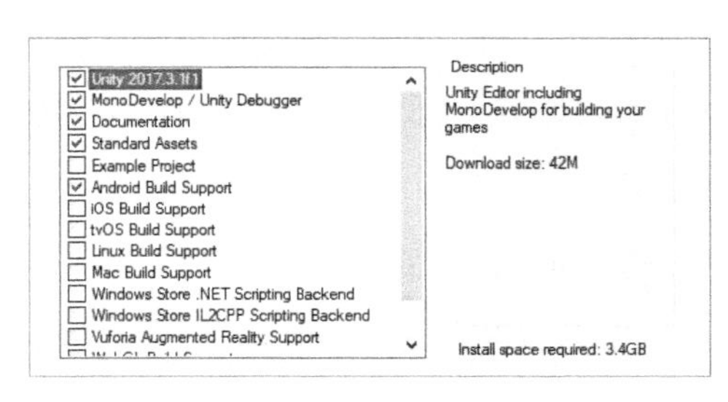

图4-1 Unity组件安装

需要注意的是，Unity支持Apple Silicon的计算机，开发者可以通过Unity Hub安装Apple Silicon Unity编辑器。有关更多信息，开发者可以去浏览原生Apple芯片编辑器论坛页面。此外，Unity在2023.1版本之后不再支持Windows 7，因此开发者应将计算机操作系统升级到2023.1版本支持的操作系统。

4.1.2 第一次启动Unity

4.1.2.1 界面布局与功能概述

启动Unity有两种方式，既可以直接启动Unity引擎，也可以使用Unity Hub作为启动平台，这样可以提供更多的功能，特别是对于需要管理多个项目和版本。当第一次启动Unity时，开发者会进入一个功能丰富且高度可定制的开发环境，旨在为游戏和交互式内容的开发在Unity Hub中提供全面的支持。众所周知，在一个游戏引擎中，组件是游戏的灵魂。多个组件构成一个游戏对象，多个游戏对象构成一个场景，多个场景则构成整个项目。因此，“项目”页面可显示开发者的Unity项目。开发者可以使用“项目”页面创建新项目、管理现有项目或在Unity编辑器中打开项目。当开发者打开一个场景就可以看到这个场景有哪些游戏物体。如在层次结构视图或场景视图中，开发者可以创建、修改、删除当前场景的游戏物体。开发者需掌握经常用到的快捷键，像Delete（删除）、F2（重命名）等。以下是对初次启动Unity Hub时的界面布局与功能的概述，以及如何配置Unity Hub设置和偏好以适应开发者的开发需求。

1. 创建第一个工程项目。

使用Unity Hub创建第一个Unity工程项目，名字和存储路径中最好不要出现中文，这样可以减少很多问题。创建新项目，开发者需要执行以下操作。

（1）新建项目。开发者打开新安装的Unity副本，屏幕将显示Unity的主菜单，需选择窗口右上角的“新建项目”按钮。

（2）选择编辑器。开发者需从显示“已安装编辑器”的下拉菜单中选择要用于创建项目的编辑器。

（3）选择项目模板。查阅有关特定模板的详细信息，开发者需要选择右侧窗格中的“阅读更多内容”。有关更多常规信息，则需要开发者查阅模板文档。

（4）创建项目。开发者需要点击模板名称右侧的下载符号“下载模板”并等待完成，然后才能使用该模板创建项目。

（5）项目命名。这将对编辑器中的“项目”文件夹进行命名，该文件夹用于存储与项目相关的资源、场景和其他文件。

（6）存储项目文件。默认情况下，计算机的主目录存储新项目文件。若要将项目存储在其他位置，开发者则需要选择“位置字段”以打开文件，然后导航到要存储项目的位置。

（7）完成创建。开发者点击右下角的“创建项目”按钮，将新项目添加到Unity Hub中的“项目”选项卡中，并自动在编辑器中打开它。

需要注意的是，如果开发者使用的是Windows操作系统，并在目录中创建项目时提示“出错”，请关闭Unity Hub，并以管理员身份重新运行Unity Hub。

2. 从磁盘添加现有项目。

如果现有项目未显示在“项目”（Projects）窗口中，那么开发者就需要选择窗口右上角的“打开”按钮。这将打开文件管理器，开发者可以在其中选择需要打开的项目，将项目添加到“项目”窗口中，然后Unity Hub将自动在编辑器中打开它。如果要从磁盘添加项目，而不是在编辑器中打开项目，那么开发者需要选择下拉箭头，然后选择“从磁盘添加项目”选项来完成操作。

3．添加远程项目。

远程项目是通过Plastic SCM Cloud Edition或Collaborate托管在云服务中的Unity项目。

需要注意的是，Unity使用Collaborate设置的项目仍显示为远程项目，但托管在Plastic SCM中。开发者若要将远程项目添加到中心，则需选择“打开”按钮旁边的箭头，然后从下拉列表中选择“打开远程项目”。这将打开一个窗口，开发者需要在其中登录Unity账户。此窗口显示与开发者账户关联的所有组织的项目。

（1）找到所需的项目，然后选择“添加”，这将自动在编辑器中打开开发者的项目。

（2）带有“本地添加”文本的远程项目已出现在“项目”选项卡的本地项目列表中。若出现席位已满的警告，则表示该项目的用户数量已达到最大。

（3）添加远程项目后，窗口会在项目列表中的项目名称旁边显示一个SOURCE CONTROL标记。

4．删除项目。

（1）若要从Unity Hub中删除项目，则开发者需要选择项目右侧的上下文菜单图标（三个水平点），或右键单击“项目”以打开上下文菜单。从下拉列表中选择“从列表中删除项目”，然后选择“删除项目”进行删除。

（2）虽然已从Unity Hub中删除了项目，但文件仍保留在开发者的计算机上。若要彻底删除文件，则开发者需要导航到项目的文件存储路径并手动删除项目文件。

5．关键项参考。

（1）“首选项”选项卡。开发者可以使用“首选项”窗口自定义Unity Hub的首选项。开发者如果要在不同的“首选项”窗口之间切换，那么可以使用左侧导航菜单。开发者如果要访问“首选项”窗口，那么可以选择左侧导航菜单顶部的齿轮图标。

（2）“精选”选项卡。“精选”选项卡显示是由Unity Learn团队策划的内容，以便开发者查看最受欢迎和最有用的学习资料。开发者如果要查找更多学习资料，那么可以选择访问“Unity Learn”。

（3）“推荐”选项卡。“推荐”选项卡显示与已完成的“了解内容”类似的内容。若要在“推荐”选项卡上查看个性化内容，开发者则必须登录个人账号。开发者若要查看一段学习内容的摘要，则需要选择学习内容的磁贴，弹出的窗口将显示有关学习内容的信息，如所需的编辑器版本和项目大小。更多的有关详细信息，开发者需要参阅“添加编辑器”。

（4）“社区”选项卡。“社区”选项卡提供多种与其他Unity用户交互的方式。开发者还可以使用链接的网站与Unity员工进行交流，提供反馈或获取帮助。

6. 视图/窗口功能。

Unity编辑器的界面设计为多窗口布局，每个视图/窗口都承担着特定的功能，便于项目的管理和开发。例如，主编辑器窗口涵盖了场景视图、游戏视图、层次结构窗口、项目窗口和检视器窗口，是Unity开发环境的核心。Unity五个视图/窗口的作用如下：

（1）场景视图（Scene）用来显示开发者当前的场景有哪些可操作的游戏物体，也就是开发者开发该场景的界面。

（2）游戏视图（Game）是用于预览开发者的游戏运行。

（3）层次结构窗口（Hierarchy）列出了当前场景所包含的东西（通常我们把这些东西称为游戏物体）。

（4）项目窗口（Project）是用来存放开发者要用到的资源，包括音乐、材质、场景等所需的项目。

（5）检视器窗口（Inspector）是用于显示开发者所选择游戏物体的属性。

这些视图和窗口可以根据需要移动、调整大小或者固定在编辑器界面的不同位置。

场景视图提供了一个3D/2D的工作空间，让开发者可以创建、排列和操作游戏对象。游戏视图显示游戏运行时的实际画面，允许开发者从玩家的视角预览游戏。层次结构窗口展示了当前场景中所有游戏对象的列表，显示了它们之间的附属关系。项目窗口管理项目中的场景、脚本、3D模型和音频文件等。检视器窗口用于显示和编辑选中对象的详细属性和设置。此外，编辑器的工具栏还提供一系列的工具按钮，用于快速访问创建对象、移动、旋转、缩放等常用功能。

在Unity中，所有游戏内容都是在场景中进行的。场景指的是游戏中各个部分（如游戏关卡、标题画面、菜单和切换场景）发生的空间。在Unity中，默认情况下，新建的场景会有一个名为“主摄像机”的摄像机对象。虽然开发者可以在场景中添加多个摄像机，但目前关注的摄像机对象是主摄像机。主摄像机负责捕捉其视口内的所有内容，该视口是指在场景中所能“看到”的区域，所有进入该区域的物体对玩家来说都是可见的。开发者将鼠标悬停在场景视图中，并向下滚动以缩小场景视图，可以将这个视口看作是灰色矩形（开发者也可以按住“Alt”键并拖动鼠标右键来执行此操作）。场景本身由称为GameObject的对象组成。游戏对象可以是任何东西，从玩家模型到屏幕上的图形用户界面（Graphical User Interface，GUI），从简单的游戏元素到复杂的角色和场景，比如文字、道具、音频等。每个GameObject都有一系列附加到它们上的组件，这些组件描述了它们在场景中的行为，以及它们对场景中其他游戏对象的响应。

4.1.2.2 Unity设置与偏好

每个GameObject最关键的组件是Transform组件。场景中的每个游戏对象都有一个变换，该变换定义了它相对于游戏世界或其父对象（如果有的话）的位置、旋转和比例。开发者可以通过单击“添加组件”选择所需的组件来将其他组件附加到游戏对象上。同时，开发者还可以将脚本附加到游戏对象上，从而能够对游戏对象编程。在Unity中，开发者还可以通过调整设置和偏好来优化开发环境。

（1）编辑器设置，在界面中由Edit进入Preferences进行编辑。该设置允许开发者根据个人喜好调整Unity编辑器，如界面主题、脚本编辑器的选择、键盘快捷方式等。

（2）项目设置，在界面中由Edit进入Project Settings进行编辑。该设置提供了针对当前项目的具体设置选项，包括物理引擎的参数、音频设置、图形设置等。这些设置会影响到游戏的性能。

（3）布局自定义允许开发者根据需要调整和保存编辑器窗口的布局，以适应不同的工作流程和项目需求。开发者可以通过窗口布局下拉菜单快速切换不同的布局配置。

（4）资产导入设置。当开发者导入资产（如模型、纹理、音频等）到Unity时，可以通过检视器窗口配置资产的导入设置，以优化游戏的性能和质量。

4.2 Unity中的场景与对象

4.2.1 场景视图管理

在Unity中，场景是构成游戏或应用的基本单位，代表了游戏中的不同环境、关卡或界面。通过Unity编辑器，开发者可以创建新的场景，并通过“文件→保存场景”来保存开发者的工作。每个场景文件保存了其中的游戏对象、光照设置、摄像机和其他环境元素。

在“场景设置”中，开发者可以配置与场景相关的各种参数，如环境光、天空盒、雾效等。这些参数设置将影响场景的视觉效果和游戏的性能。

Unity提供了多种方式来加载和切换场景，包括同步加载（SceneManager.LoadScene）和异步加载（SceneManager.LoadSceneAsync），异步加载在加载大型场景时可以提供更平滑的用户体验。Unity还允许多个开发者同时编辑不同的场景，并通过场景合并功能集成工作，这对团队协作项目尤为重要。

有效的场景管理是游戏开发过程中的关键环节，涉及创建、编辑、加载和切换场景。一个游戏至少由一个场景组成，如果游戏很大，那么使用分场景可以使结构变得更清晰。场景由游戏物体组成，游戏对象由组件组成，组件包含了属性。不同组件的属性可以通过写脚本和代码来控制，从而达到目的。在开发游戏时，会用到很多角色及其他物体的模型，这时一般就需要开发者在其他软件上创建出角色和模型给用户使用。当然Unity也有很多自带的基本模型可供开发者使用，在层次结构窗口中，右键便可直接添加各种模型。创建一个模型后，便会在左侧场景视图中显示。场景的观察方式有Persp（近大远小）透视视野、Iso（长度相同）平行视野。

在Iso的一些操作方式中，开发者可双击模型的名称或者选中该模型按“F”键聚焦、鼠标滚轮滑动放大或缩小界面、鼠标中键平移视图、鼠标右键围绕物体旋转视角等。3D游戏是用直角坐标系来确定物体在场景中的位置的，开发者可以在组件“Transform”的“Position”属性中修改物体的世界坐标（世界坐标相对于整个世界的中心点坐标），而组件“Transform”的“Local Position”属性可修改物质的局部坐标（局部坐标相对于上一级物体的坐标）。

4.2.2 对象与层次结构

Unity中的每个游戏对象都代表了游戏世界中的一个元素，如角色、道具、地形等。游戏对象通过层次结构窗口组织起来，展示了它们之间的父子关系。

在Unity中，开发者可以通过“游戏对象”菜单创建各种类型的对象，包括3D对象、光源、摄像机和用户界面（User Interface，UI）元素等。一旦创建，游戏对象就会出现在层次结构窗口中，开发者可以通过拖拽来改变它们之间的父子关系。Unity使用基于组件的架构，开发者可以向游戏对象添加多个组件来赋予它们不同的功能，如渲染器、脚本、碰撞器等。通过检视器窗口，开发者可以编辑每个组件的属性。

预制体是可重复使用游戏对象的模板，开发者可以将游戏对象制作成预制体，并在多个场景中实例化。这在创建重复元素或共享资源时非常有用。

4.3 脚本编程语言

在Unity中，脚本扮演着至关重要的角色，赋予游戏对象行为，定义游戏逻辑和规则，以及控制游戏的交互性。脚本编程语言是连接游戏设计和游戏功能的桥梁。脚本从唤醒到销毁有着一套比较完整的生命周期，主要执行顺序是编辑器→初始化→物理系统→输入事件→游戏逻辑→场景渲染→GUI渲染→物体激活或禁用→销毁物体→应用结束。

下面介绍一下主要的方法。

（1）Reset：当用户点击检视面板的“Reset”按钮或者首次添加该组件时被调用。此函数仅在编辑模式下被调用。Reset通常用于在检视面板中设置默认值。

（2）Awake：在游戏开始之前初始化变量或游戏状态。在脚本的整个生命周期内，Awake仅被调用一次。即使脚本设置为不可用时，Awake方法仍然会执行一次。Awake在所有对象被初始化之后调用，开发者可以安全地与其他游戏对象进行交互，或者使用诸如“GameObject.FindWithTag”这样的函数搜索它们。每个游戏对象上的Awake方法以随机的顺序被调用。因此，开发者应该使用Awake来设置脚本之间的引用，并在Start方法中传递信息。Awake总是在Start之前被调用。Awake不能用来执行协程。

（3）OnEnable：当游戏对象变为可用或激活状态时被调用。OnEnable可用于事件监听器、初始化状态等操作。

（4）Start：在脚本的整个生命周期中只被调用一次。与Awake不同，Start只在脚本实例被启用时调用。开发者可以根据需要调整延迟初始化代码。Awake总是在Start之前执行，这使得开发者可以协调初始化顺序。

（5）FixedUpdate：当MonoBehaviour（Unity中所有脚本的基类）启用时，FixedUpdate在每一固定帧被调用。处理刚体（Rigidbody）时，需要使用FixedUpdate代替Update函数。例如，给刚体添加力时，开发者必须在FixedUpdate中应用力，而不是在Update中，因为两者的帧率不同。

（6）Update：实现各种游戏行为最常用的函数。

（7）LateUpdate：在每一帧的更新结束时被调用（在所有Update函数调用后被调用）。用于更新游戏场景和状态，以及与摄像机相关的更新。例如，Unity官方网站上的摄像机跟随示例都是在所有Update函数操作完成后进行的，否则可能出现摄像机已经移动，但视野中尚未出现角色的情况。

（8）OnGUI：在渲染和处理GUI事件时被调用。这意味着开发者的OnGUI程序将在每一帧被调用。如果开发者想要获取更多GUI事件的信息，那么就需要查阅Event手册。如果MonoBehaviour的enabled属性设置为false，那么OnGUI（ ）就不会被调用。

（9）OnDisable：不能用于协程。当游戏对象变为不可用或非激活状态时被调用。

（10）OnDestroy：当游戏对象被销毁时被调用。

（11）OnApplicationQuit：在编辑器中，当用户停止运行模式时被调用。在网络播放器中，当Web应用被关闭时被调用。

4.3.1 使用脚本

Unity的脚本语言是在基于Mono的.NET平台上运行的，可以使用.NET库。这也为XML、数据库、正则表达式等问题提供了很好的解决方案。Unity里的脚本都会经过编译，运行速度更快。

脚本通常需要面对游戏对象，然后创建一个脚本，罗列一个类或结构体的方法。这个类最重要的一些方法是需要开发者勤学多练的，这样开发者在编写脚本时可以按照功能和类去查找，因而开发者可以多使用这些方法。

4.3.1.1 使用脚本的原因

脚本在游戏开发中的使用有多种原因。

1．自定义个性化。

虽然Unity提供了大量的内置组件来实现常见的游戏功能，但脚本允许开发者为游戏对象定制独特的行为和反应，从而为用户创建独一无二的游戏体验。

2．控制游戏逻辑。

脚本是定义游戏规则和逻辑的主要工具。通过脚本，开发者可以编写代码来处理游戏事件、玩家输入、得分系统、游戏进度控制等。

3．交互性。

脚本使得游戏世界能够响应玩家的操作，提高游戏的交互性和用户的沉浸感。例如，通过脚本，开发者可以编写玩家与游戏环境或其他游戏对象之间的交互机制。

4．优化和复用。

通过脚本，开发者可以编写高效的代码来优化游戏性能，并能创建可复用的代码模块，以便在不同的游戏项目或游戏场景中使用。

4.3.1.2　脚本的作用

在Unity中，脚本是通过Unity编辑器附加到游戏对象上的，主要用于控制游戏逻辑和对象行为。其作用主要有四个方面。

1．脚本结构。

脚本通常包含几个基本的Unity生命周期方法，如Start（ ）（在脚本实例化时调用一次）和Update（ ）（每帧调用一次）。

2．访问组件。

脚本可以访问和控制游戏对象上的其他组件。例如，通过脚本修改游戏对象的位置、旋转或者设置其他属性。

3．响应玩家输入。

脚本可以用来处理玩家的输入指令（如键盘按键、鼠标点击等），以触发游戏中的行为。

4．与其他脚本通信。

脚本之间是可以相互通信、共享数据和调用彼此的。这对分离游戏逻辑和实现复杂的游戏功能非常有用。

4.3.2　C#语言基础知识

Unity主要使用C#语言作为脚本语言。C#语言是一种现代的、类型安全并面向对象的编程语言，由Microsoft公司开发。开发者了解C#语言的基础知识对Unity游戏开发至关重要。首先，开发者需要了解不同的数据类型（如int、float、string等），以及如何在脚本中声明和使用变量。其次，开发者要掌握控制流，如使用条件语句（如if、switch）和循环结构（如for、while），才能更好地控制游戏逻辑的流程。再次，开发者要了解如何定义和调用函数及相关方法，以便组织和复用代码。从次，开发者要深入面向游戏对象编程，理解类、对象、继承、多态等概念并用于实践。最后，开发者要学习如何使用事件和委托来处理游戏事件和回调。C#语言对游戏编程来说是一个强大的工具。

4.4 Unity中的物理引擎

4.4.1 物理引擎简介

在深入学习Unity中，理解Unity作为一款集成化、可视化的游戏开发引擎至关重要。开发者应熟练利用丰富的功能组件，如菜单栏操作、六大核心视图管理等，高效构建创意项目。本节的学习不仅是掌握工具使用方法的基础，而且是实现高效项目开发的先决条件。

本节聚焦于Unity架构中的物理系统模块，旨在引导开发者掌握场景管理、脚本创建与逻辑实现的基本流程。其中，深入探索Unity物理引擎的核心功能，如理解刚体与碰撞检测（Collision Detection）机制，是实现游戏世界中虚拟物体动态交互与真实物理反馈的关键。此外，掌握触发器（Trigger）与射线投射（Raycasting）技术，对实现复杂的游戏逻辑与交互设计非常重要。同时，Unity的地形系统（Terrain System）作为构建多样化游戏环境的重要工具，虽然日常使用频率不高，但掌握基础操作能力对特定场景设计具有重要意义。在数据存储方面，Unity提供了多种灵活的数据处理与持久化方案，包括但不限于XML与JSON格式的解析应用，以及数据库集成等。掌握这些技能对开发者处理复杂数据交互或实现用户数据保存的网游及部分单机游戏而言，是不可或缺的。此外，Unity中的协程机制作为异步编程的工具，对优化游戏性能、管理复杂任务流程具有重要作用，是开发者必须深入理解的概念之一。此外，Shader编程作为Unity图形渲染的核心技术，通过编写或修改Shader代码，开发者能够创造出从基本材质到复杂光影效果的视觉盛宴，如逼真的水流波纹等，为游戏世界提供更好的视觉效果。

4.4.2 Unity常用组件

组件在Unity中扮演着重要的角色，一个游戏对象的功能取决于它所挂载的不同组件。Unity开发流程通常是从项目开始，到场景，再到游戏对象，再到组件，最后是属性。因此，一个游戏由多个场景（Scene）组成，一个场景由多个游戏对象（GameObject）组成，一个游戏对象由多个组件（Component）组成。这些组件包括以下七个部分。

（1）渲染器（Renderer）：负责渲染并使游戏对象可见。

（2）碰撞器（Collider）：定义游戏对象的物理碰撞边界。

（3）刚体（Rigidbody）：为游戏对象提供实时的物理特性，如重量和重力。

（4）音频源（Audio Source）：提供用于播放和存储声音的游戏对象属性。

（5）音频监听器（Audio Listener）：实际上“听到”音频并将其输出到播放器扬声器的组件。默认情况下，主摄像机中存在一个音频监听器。

（6）动画器（Animator）：允许游戏对象访问动画系统。

（7）灯光（Light）：使游戏对象表现为光源，并具有各种不同的效果。

GameObjects场景组成，如图4-2所示。从图中我们可以看到Unity是如何通过游戏对象将自身组合成场景的。

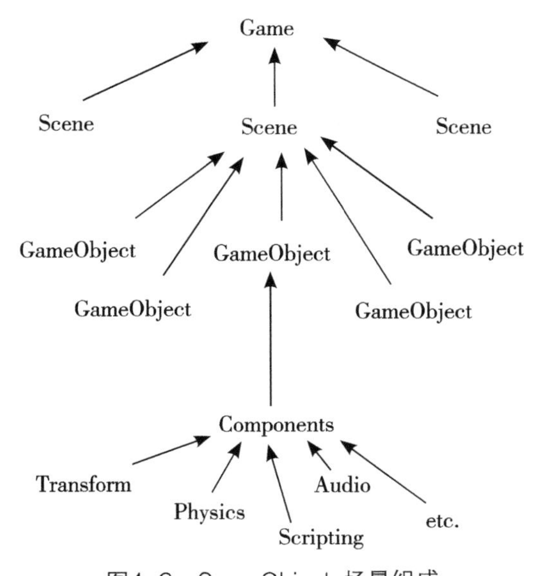

图4-2　GameObjects场景组成

课后习题

一、单选题

1．在Unity中，下列函数是在游戏开始之前初始化变量或游戏状态的是（　　）

A．Start　　B．Update　　C．Awake　　D．OnEnable

2．在Unity中，下列方法用于处理当对象变为可用或激活状态时才会被调用的事件的是（　　）

A．Awake　　B．OnEnable　　C．Start　　D．Update

3．在Unity中，用于在所有Update函数调用后更新游戏场景和状态的方法是（　　）

A．FixedUpdate　　B．LateUpdate　　C．OnGUI　　D．OnDisable

二、多选题

1．在Unity的生命周期中，下列函数中会在每一帧调用的是（　　）

A．Awake　　B．Update　　C．FixedUpdate　　D．OnDestroy

2．下列属于MonoBehaviour的生命周期方法的是（　　）

A．Reset　　B．OnApplicationQuit

C．OnCollisionEnter　　D．FixedUpdate

三、简答题

1．请解释Unity中FixedUpdate函数与Update函数的区别及其适用场景。

2．描述如何在Unity中使用脚本来响应玩家输入。

05

第5章

3Ds Max 2024软件与应用

3Ds Max 2024软件是一款功能强大的三维建模、动画与渲染软件，由Autodesk公司出品。3Ds Max 2024软件具有卓越的建模能力、灵活的插件架构和广泛的应用潜力，在多个领域中发挥着重要作用。本章将对3Ds Max 2024软件进行详细介绍，包括软件概述、应用领域、软件界面、基础设置及三维建模的基本方法等内容。通过学习本章，读者将对3Ds Max 2024软件有一个全面的了解，为进一步深入学习和应用该软件打下坚实的基础。

5.1 3Ds Max 2024软件介绍

5.1.1 基本介绍

5.1.1.1 软件概述

3Ds Max 2024是由Autodesk公司出品的一款功能强大的三维建模、动画与渲染软件。3Ds Max 2024因卓越的建模能力、灵活的插件架构和广泛的应用潜力而受到广泛青睐。

5.1.1.2 主要特点

1. 建模功能丰富。

3Ds Max 2024软件提供了多种建模工具和技术，支持用户快速、准确地创建各种复杂的三维模型。

2. 插件丰富。

3Ds Max 2024软件以高度可定制性而著称，提供了丰富的插件支持。用户可以基于自己的具体需求，挑选合适的插件进行功能扩展，实现更多高级功能和效果。

3. 应用领域广泛。

3Ds Max 2024软件适用于广告、电影特效设计、产品设计、建筑规划、3D动画制作等多个领域，能满足不同行业的需求。

5.1.1.3 软件优化与改进

1. Chamfer修改器优化。

3Ds Max 2024软件对Chamfer（切角）修改器进行了改进，使得添加圆角边缘等细节操作更加便捷。

2. OSL着色支持增强。

3Ds Max 2024软件扩展了对OSL着色的支持，提高了视觉效果，减少了生产与变更之间的时间成本。

3. 动画预览功能提升。

3Ds Max 2024软件增加了视口播放和更快的动画预览功能，提升了用户的体验感。

4. 高效的渲染速度。

3Ds Max 2024软件的渲染引擎经过优化，提供了更高效的渲染速度和更丰富的控制选项。同时，3Ds Max 2024软件还支持Arnold GPU渲染器，能够利用显卡进行渲染计算，大大缩短了渲染时间，提高了图像处理效率。

5. 便捷的操作。

3Ds Max 2024软件优化了用户界面设计，使得操作更加直观和便捷。3Ds Max 2024软件不仅应用领域广泛，而且允许用户根据个人偏好进行快捷键设置和个性化定制。

3Ds Max 2024软件以强大的功能和灵活的插件架构，成为了一款广受欢迎的三维建模、动画与渲染软件。3Ds Max 2024软件不仅能够满足专业创作者的需求，而且能够为初学者提供易于上手的学习体验。

5.1.2 应用领域

5.1.2.1 影视与广告行业

在影视与广告制作中，3Ds Max 2024软件起着至关重要的作用。3Ds Max 2024可以创建逼真的三维场景、虚拟角色和酷炫特效，为影片和广告增添视觉冲击力，帮助制作人员实现完美的创意。

5.1.2.2 游戏开发

在游戏开发领域，3Ds Max 2024软件被广泛应用于游戏场景、虚拟角色和虚拟道具的建模。3Ds Max 2024软件以强大的建模功能和灵活的插件架构使得游戏开发者能够高效地创建出高质量的游戏资产。同时，3Ds Max 2024软件还支持实时渲染和动画预览，帮助开发者在开发过程中及时调整和优化游戏。

5.1.2.3 建筑与工业设计

在建筑和工业设计领域，3Ds Max 2024软件被用于精细的三维建筑模型创建和产品设计。设计师可以利用3Ds Max 2024软件精确地模拟建筑的外观、内部结构和材料质感，或者产品的形态、功能和交互方式。通过3Ds Max 2024软件的渲染和动画功能，设计师还能够展示设计方案的视觉效果，为客户提供更直观、生动的动画效果，如图5-1所示。

图5-1　建筑设计的应用

5.1.2.4　虚拟现实技术与增强现实技术

随着虚拟现实技术和增强现实技术的不断发展，3Ds Max 2024软件在这些领域的应用也日益广泛，如图5-2所示。3Ds Max 2024软件可以帮助开发者创建逼真的虚拟场景和交互体验，为虚拟现实应用和增强现实应用提供高质量的三维内容支持，从而为用户创造更加真实、沉浸式的体验。

图5-2　虚拟现实与增强现实的应用

5.1.2.5　媒体与艺术创作

在媒体和艺术创作领域，3Ds Max 2024软件同样发挥着重要作用。艺术家可以利用3Ds Max 2024软件创作三维艺术作品、动画短片及数字雕塑等。3Ds Max 2024软件以强大的建模和动画功能使创作者能够充分发挥想象力，创作出独具特色的艺术作品。

5.1.3　软件界面

3Ds Max 2024软件是一款专为Windows系统设计的三维动画制作软件，具备典型的窗口式特点，为用户提供了便捷的操作体验。3Ds Max 2024软件界面的主窗口如图5-3所示。

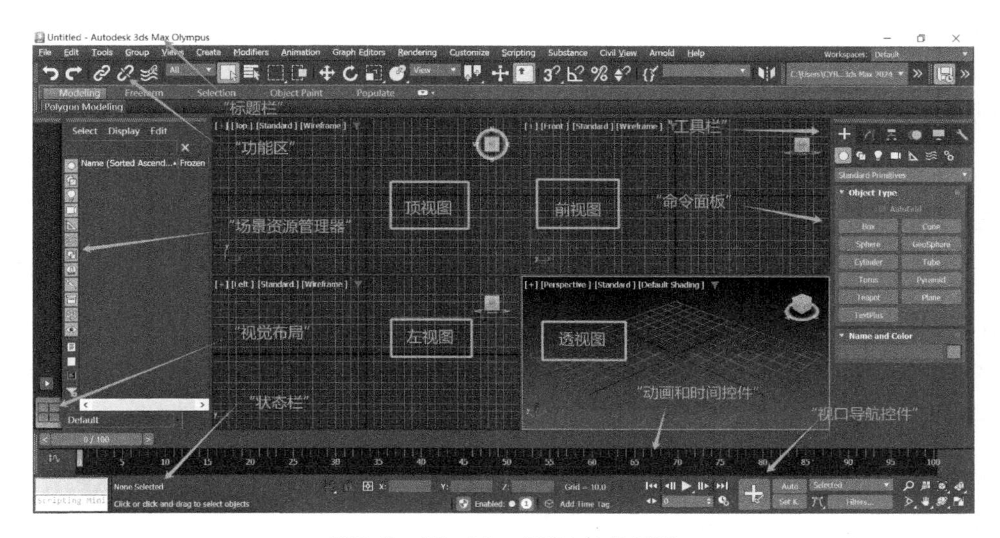

图5-3　3Ds Max 2024 软件界面

5.1.3.1　菜单栏

（1）File（文件）。此菜单主要用于管理文件操作，涵盖文件的打开、保存、关闭等基本命令。

（2）Edit（编辑）。此菜单主要聚焦于对象的编辑和选择，包含撤销、临时存储、删除、复制、全选与反选等功能，为用户提供了灵活的对象编辑手段。

（3）Tools（工具）。此菜单提供了一系列高级对象的变换和管理工具，如镜像、对齐等，帮助用户更高效地处理高级对象。

（4）Group（组）。此菜单用于对象的分组管理，包括将多个对象组合成一个组、分离已组合的对象，以及将新对象加入到现有组中等。

（5）Views（视图）。此菜单专注于视图工作区的操作，用户可以通过此菜单调整视图设置，以更好地观察和处理场景。

（6）Create（创建）。此菜单用于创建各种图形和对象的中心，用户可以从这里创建二维图形、标准几何体、扩展几何体及灯光等。

（7）Modifiers（修改器）。此菜单用于修改对象的造型或设置接口元素。按照编辑类别，可分为选择编辑、曲线编辑、网格编辑等，为用户提供了丰富的内置修改器。

（8）Animation（动画）。此菜单专门用于设置动画效果，包括动画控制器的选择、反向运动设置、预览创建与观看等功能。

（9）Graph Editors（图形编辑器）。此菜单以图形方式直观地展示了与操作场景中的各元素，为用户提供了多种与场景元素相关的编辑器。

（10）Rendering（渲染）。此菜单涵盖了与渲染相关的工具和控制器，用户可以通过此菜单进行渲染设置和操作。

（11）Civil View（菜单）。使用此菜单前需要先进行初始化，并重新启动3Ds Max 2024软件，以确保此菜单正常运行。

（12）Customize（自定义）。此菜单允许用户自定义和改变3Ds Max 2024软件的用户界面，包含与其相关的所有自定义设置和命令。

（13）Scripting（脚本）。利用内置的MAX Script脚本语言，用户可以通过此菜单进行各种与Max对象相关的编程工作。

（14）Interactive（菜单）。此菜单与3Ds Max 2024软件特有的虚拟现实插件相关，为用户提供了与虚拟现实交互的功能。

（15）Content（内容）。用户可以通过此菜单快速启动3Ds Max 2024软件的资源库，以便访问和管理各种资源内容。

5.1.3.2 选择类工具

（1）Selection Filter（选择过滤器）。此工具用于设定不同类型的过滤器。

（2）Select Object（选择对象）。点击此工具后，鼠标在任一视图中将变为白色十字游标。用户只需单击想要选择的物体，即可选中。

（3）Select by Name（按名称选择）。此工具允许用户根据场景中对象的名称来精确选择物体。

（4）Rectangular Selection Region（矩形选择区域）。在视图中，使用此工具时，用户可以拖动鼠标绘制一个矩形选择区域。

（5）Circular Selection Region（圆形选择区域）。在视图中，使用此工具时，用户可以通过拖动鼠标绘制一个圆形选择区域。

（6）Fence Selection Region（围栏选择区域）。在视图中，使用此工具时，用户用鼠标点击确定第一点，然后拉出一条直线并确定第二点，这样即可绘制一个不规则的选择区域。

（7）Lasso Selection Region（套索选择区域）。在视图中，使用此工具时，用户可以用鼠标滑过视图，从而形成一个轨迹。这条轨迹就是用户的选择区域，即套索选择区域。

（8）Paint Selection Region（绘制选择区域）。在视图中，使用此工具时，用户拖动鼠标，形成的区域中的物体会被选中。

（9）Window/Crossing（窗口/交叉）。此工具允许用户在窗口和交叉两种模式间轻松切换。在交叉模式下，用户只需框住物体的任意局部或全部即可选中；而在窗口模式下，用户需完全框住物体才能选中。

（10）Named Selection Sets（编辑命名选择集）。通过向左拖动工具栏，用户可以找到此工具。利用选择集对话框，用户可以方便地对物体进行选择、合并和删除等操作。

5.1.3.3 选择与操作类工具

（1）Select and Move（选择并移动）。运用此工具，用户能够轻松地选中对象，并在场景中自由拖动，实现对对象位置的灵活调整。

（2）Select and Rotate（选择并旋转）。一旦选定对象，用户使用此工具能够便捷地旋转所选对象，从而精准地调整所选对象的朝向。

（3）Select and Uniform Scale（选择并均匀缩放）。通过此工具，用户能够选中对象并对其进行缩放操作，无论是放大还是缩小，都能保持对象的统一比例。另外，此工具还提供了正比例缩放和非比例缩放两种模式，长按缩放工具按钮即可轻松切换。

（4）Select and Place（选择并放置）。此工具能够帮助用户轻松地将对象放置在另一个对象的曲面上，其效果与3Ds Max 2024软件的“自动栅格”功能相似，但更为灵活。

（5）Use Pivot Point Center（使用轴点中心）。当用户需要对对象进行以自身轴点为中心的旋转或缩放操作时，此工具将帮助用户完成操作。需要注意的是，当“自动关键点”功能激活时，该选项将自动禁用，其他选项也将无法使用。

（6）Use Selection Center（使用选择中心）。当用户需要同时对多个对象进行旋转或缩放时，此工具将为用户计算这些对象的平均几何中心，并以该平均几何中心为基准进行变换操作，确保操作的精准性。

（7）Use Transform Coordinate Center（使用变换坐标中心）。借助此工具，用户可以根据当前坐标系的中心对对象进行旋转或缩放操作。如果用户使用“拾取”功能将其他对象指定为坐标系，那么该坐标中心将自动切换至指定对象的轴心位置，确保变换精确无误。

5.1.3.4　连接关系工具

（1）Selected and Link（选择并链接）。此功能允许用户将两个物体建立起父子关系，先被选中的物体将作为后选中物体的子物体。这种层级关系是3Ds Max 2024软件中动画设计的基础，有助于用户实现更为复杂的动画效果。

（2）Unlink Selection（断开当前选择链接）。点击此工具，即可解除之前建立的父子关系，使物体恢复为独立状态，不再受父物体的影响。

（3）Bind to Space Warp（绑定到空间扭曲）。通过将空间扭曲应用于指定对象，用户可以使物体呈现出独特的空间扭曲效果，并创建出引人入胜的空间扭曲动画，为场景增添更多动态感和视觉冲击力。

5.1.3.5　复制、视频工具

（1）Mirror Selected Objects（镜像）。此工具用于对当前选中的物体进行镜像操作，用户借此工具能轻松地实现对物体的对称复制。

（2）Align（对齐）。此工具提供了对齐功能，帮助用户轻松地调整对象的位置。其下包含五种对齐方式，以适应不同场景和需求。

①Quick Align（快速对齐）。借助此工具，用户能够迅速将当前选择的对象与目标对象进行位置对齐。

②Normal Align（法线对齐）。此工具允许用户依据对象表面或选定的法线方向，实现两个对象的精确对齐。

③Place Highlight（高光放置）。用户可以利用此工具中的“高光放置”选项，轻松地将光源或对象对齐至另一对象，以便于细致地调整高光或反射效果。

④Align Camera（摄像机对齐）。借助此工具，用户能够将摄像机与选定对象的法线对齐，便于捕捉到特定的视角。

⑤Align to View（对齐到视图）。此工具允许用户通过显示“对齐到视图”对话框，将对象或子对象的局部轴与当前视口进行对齐，实现视角与对象的精确匹配。

（3）Toggle Scene Explorer（切换场景资源管理器）。用户点击此按钮可快速访问场景资源管理器。此管理器界面无干扰，便于用户进行对象的查看、排序、筛选和选择。切换场景资源管理器还支持对对象进行重命名、删除、隐藏或冻结等操作，使得用户对场景对象的管理更为便捷。

（4）Toggle Layer Explorer（切换层资源管理器）。单击此按钮，将打开层资源管理器对话框，以“场景资源管理器”模式展示层及其关联对象。用户可以在此创建、删除和嵌套层，轻松移动对象于各层之间，并查看和编辑场景中所有层的设置及其关联对象。

（5）Toggle Ribbon（切换功能区）。单击此按钮，将打开层级视图，直观地展示关联物体的父子关系，帮助用户更好地理解场景结构。

（6）Curve Editor（曲线编辑器）。点击此按钮，即可打开轨迹窗口，方便用户对动画曲线进行编辑和调整。

（7）Schematic View（图解视图）。此工具提供了一种基于节点的视图，用户可以利用它来便捷地访问和操作对象的属性、材质、控制器、修改器及层次结构。此工具还揭示了场景中不可见的链接关系，如参数链接和实例化对象，极大地增强了用户对场景的管理和控制能力。

（8）Material Editor（材质编辑器）。单击此按钮，将打开材质编辑器，用户可以使用快捷键“M”快速访问，以便对物体的材质进行编辑和调整。

5.1.3.6 捕捉类工具

（1）Snap Toggle（捕捉开关）。单击此按钮，用户可以快捷地开启或关闭三维捕捉模式，以便在三维空间中更精确地定位和移动对象。

（2）Angle Snap Toggle（角度捕捉切换）。单击此按钮，即可开启或关闭角度捕捉模式，帮助用户在进行旋转操作时实现精确的角度调整。

（3）Percent Snap Toggle（百分比捕捉切换）。单击此按钮，用户可以轻松地开启或关闭百分比捕捉模式，从而在调整对象属性时实现精确的百分比控制。

（4）Spinner Snap Toggle（微调器捕捉切换）。单击此按钮，用户可以开启或关闭微调器锁定功能，从而在使用微调器进行数值调整时使得数值更加稳定和精确。

5.1.3.7 其他工具

（1）Render Setup（渲染设置）。借助此工具，用户能够将三维场景转化为逼真的二维图像或动画。通过设置灯光、应用材质、调整环境参数设置（如背景与大气效果），用户能够为场景中的几何体赋予生动的色彩和质感，打造出令人惊艳的视觉效果。

（2）Rendered Frame Window（渲染帧窗口）。这个窗口将展示用户的渲染效果，让用户能够实时查看渲染输出的效果，以便于调整渲染参数和优化渲染效果。

（3）Render Production（渲染产品）。通过选择“渲染产品”命令，用户可以直接应用当前的高级渲染设置来渲染场景（无需烦琐地打开“渲染设置”对话框），从而更加高效地生成高质量的渲染产品。

（4）Render in the Cloud（云渲染）。用户可以从3Ds Max 2024软件中访问Autodesk A360中的云渲染。Autodesk A360渲染充分利用了云计算的强大资源，将渲染任务转移到云端执行。这样，用户的计算机中央处理器将得到解放，不再因渲染而占用大量资源。同时，云渲染以其出色的速度和效率，大幅提升了用户的创作流程，让用户能够更快地完成高质量的渲染工作。

5.1.3.8 窗口

1．视图。

3Ds Max 2024软件系统默认的视图有4个，分别是Top、Front、Left、Perspective。

（1）Top视图。即从上方俯瞰物体的视角，通常置于视图区的左上角。在此视图中，由于不存在深度概念，用户仅能编辑对象的顶部表面。若要在Top视图中移动物体，其运动将局限在xOz平面内，而无法在y方向上移动。

（2）Front视图。即从物体的正前方进行观察的视图，通常放置在视图区的右上角。在这个视图中，宽度概念不再适用，因此物体只能在xOy平面内进行移动。

（3）Left视图。即从物体的左侧进行观察的视图，默认位于视图区的左下角。在此空间中，同样没有宽度的概念，物体的移动将限制在yOz平面内。

（4）Perspective视图。通常所说的三视图就是指这个视图。在三维空间中操作三维物体远比在二维空间中复杂，因此设计出了三视图来简化操作。在此视图的任意一个视图中，对物体的操作都与在二维空间中的操作相同。

2．透视。

透视是视力正常者观察空间物体时产生的比例关系感知。正是这种透视效果，让人们能够体验到空间中的深度和广度。将Perspective视图与Top视图、Front视图、Left视图相结合，便构成了计算机模拟三维空间的基础内容。默认设置的这四个视图并非固定的，用户可以利用快捷键轻松切换。以下是快捷键与视图的对应关系：

（1）T代表Top（顶）视图。

（2）B代表Bottom（底）视图。

（3）L代表Left（左）视图。

（4）R代表Right（右）视图。

（5）F代表Front（前）视图。

（6）K代表Back（后）视图。

（7）C代表Camera（摄像机）视图。

（8）U代表User（用户）视图。

（9）P代表Perspective（透）视图。

通过这些快捷键，用户可以高效地在不同视图间切换，从而更加灵活地处理三维空间中的物体。

5.1.3.9　时间滑块

时间滑块在动画制作中发挥着至关重要的作用。它允许用户在每一帧为物体设置不同的状态，并按时间顺序播放这些帧来呈现动画效果。这种逐帧设置并播放的方式，正是动画制作的核心原理。当用户需要调整某一帧的物体状态时，时间滑块便成为用户不可或缺的工具。时间滑块如图5-4所示。

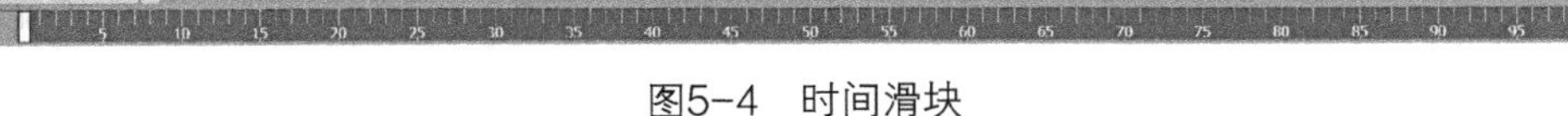

图5-4　时间滑块

5.2　3Ds Max 2024软件基础设置

5.2.1　基本操作

在启动3Ds Max 2024软件进行实际操作之前，可对该软件的基础参数进行微调，以符合用户的个人习惯。

在3Ds Max 2024软件界面中，默认色彩设计偏向深色系。例如，用户可以通过自定义用户界面的方法，轻松地将界面调整为自己喜欢的色调。首先，打开“Customize”菜单。其次，选择“Load Custom UI Scheme”。再次，在弹出的窗口中浏览并选择其他界面样式文件。最后，选定后，用户只需单击相应的按钮，即可将界面切换为用户喜欢的色调。

5.2.2 基础设置

5.2.2.1 单位设置。

点击“Customize”中的“Units Setup”，即可打开单位设置，开发者可根据自身需求设置合适的单位，如图5-5所示。

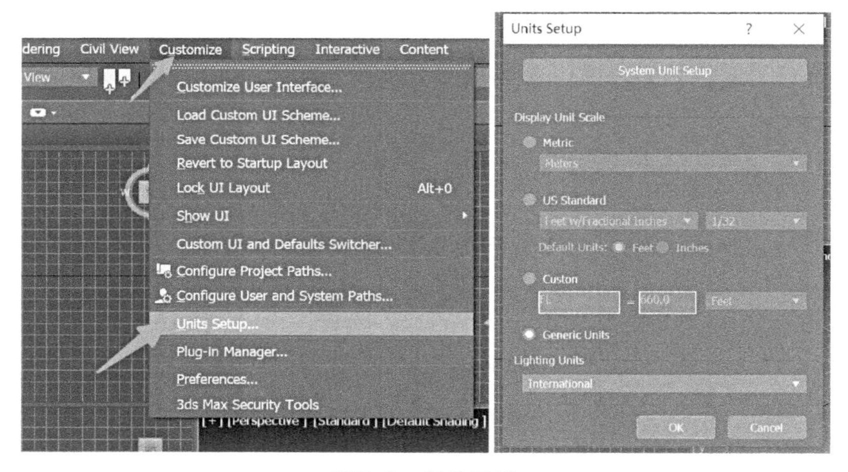

图5-5　单位设置

5.2.2.2 文件撤销设置。

点击“Customize”中的“Preference Settings”选项，如图5-6所示。在“General”的“Scene Undo”里面，默认的最大撤销次数为20，如图5-7所示。用户可根据自己的实际情况进行调整，改变最大的文件撤销次数。

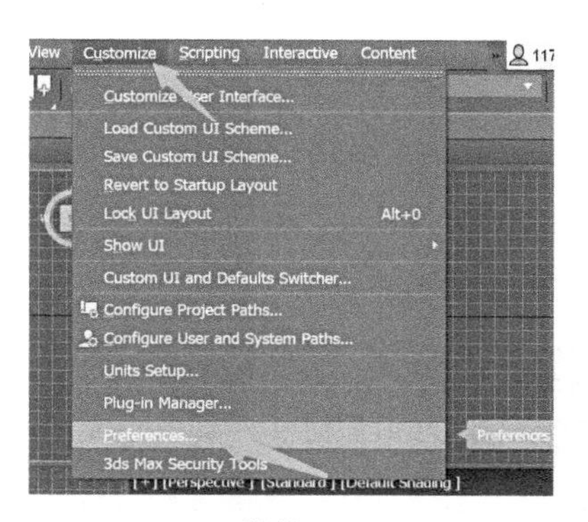

图5-6　撤销设置（上）

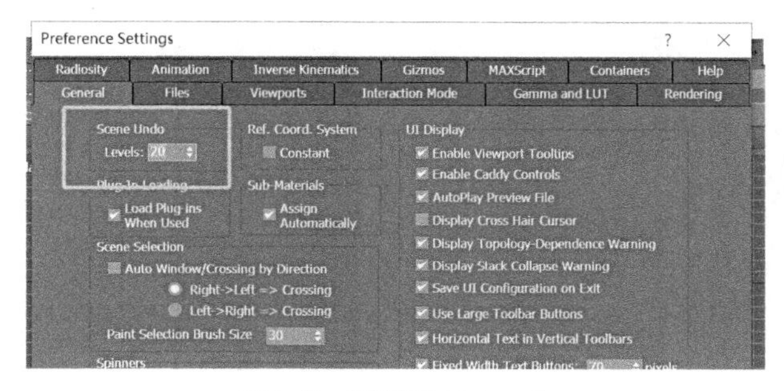

图5-7　撤销设置（下）

5.2.2.3　自动保存设置。

在“Files”设置里即可找到自动保存设置，勾选“Enable”即可启动自动保存功能。第一个调整的参数“Number of Autobak files”是设置每次保存的最多文件数，第二个选项“Backup Interval（minutes）”用来调整每多少分钟自动保存一次，第三个选项“Auto Backup File Name”是设置自动备份文件的名字，如图5-8所示。

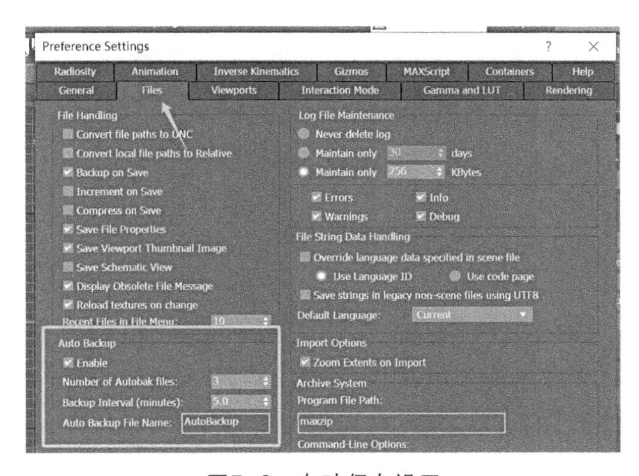

图5-8　自动保存设置

5.2.2.4 视口布局设置。

点击小窗口的“+”，在弹出来的选项里面选择“Configure viewports”，如图5-9所示。在弹出的“Viewport Configuration”窗口里面，选择“Layout”，用户即可根据自身的喜好选择排版风格，如图5-10所示。

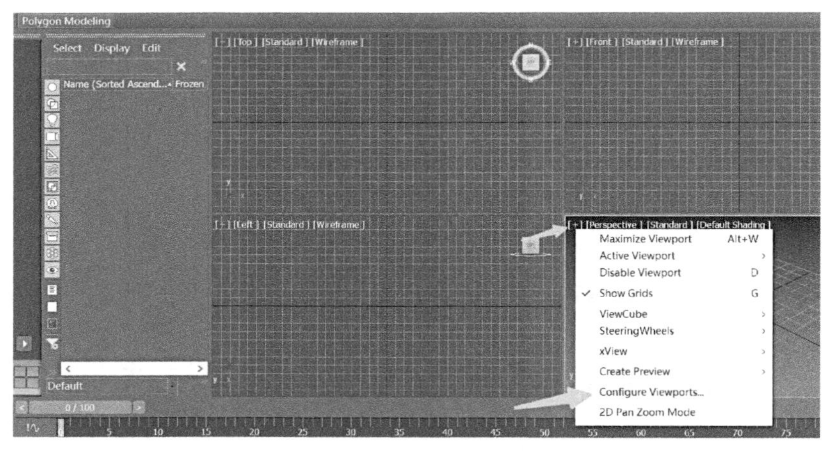

图5-9 视口布局设置（上）

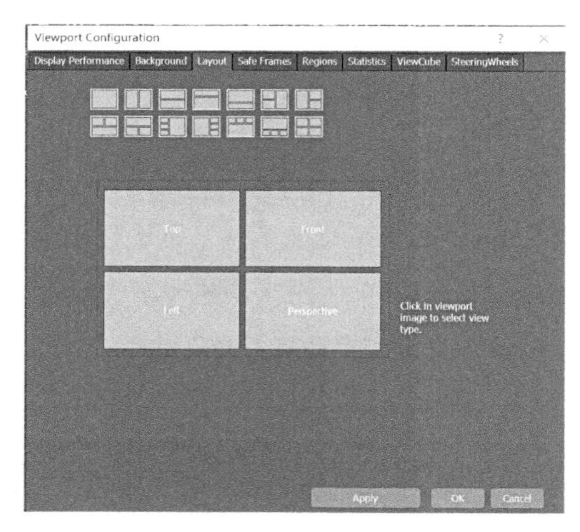

图5-10 视口布局设置（下）

5.2.2.5 文件操作。

1. 文件保存。

用户通过按下“Ctr+S”快捷键或点击“File”菜单中的“Save”选项，如图5-11所示，即可启用文件保存功能，进而弹出一个文件存储的对话框。在这个对话框中，用户可以指定文件的存储路径并为文件命名。值得注意的是，3Ds Max 2024软件默认的存储文件格式是“.max”，如图5-12所示。

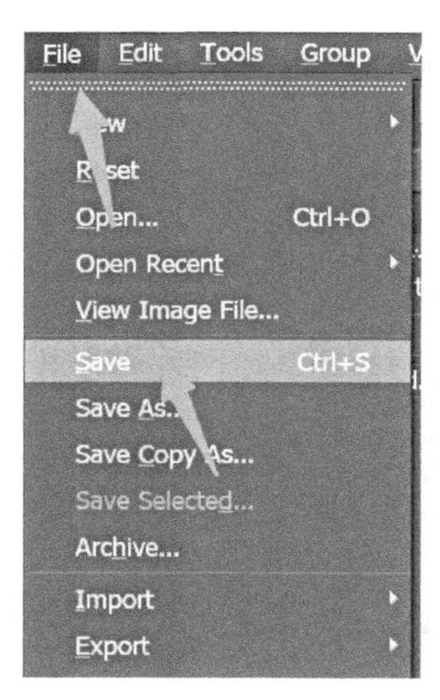

图5-11　文件保存（上）

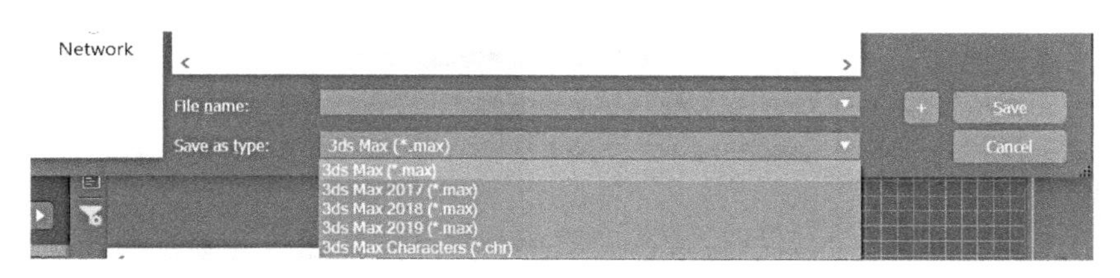

图5-12　文件保存（下）

2. 文件重置。

在运用3Ds Max 2024软件进行各类操作时，“文件重置”是一个常用的工具。通过执行这一功能，用户能够迅速地将当前的视图界面恢复到软件初始状态，包括界面的布局和各项参数的设置。这一操作对确保创建物体时各视图间的显示比例一致尤为有用，因为它能够将视图显示和比例恢复到默认状态。

用户若要执行重置操作，只需点击“File”菜单，并从中选择”Reset”命令。随后，系统会弹出一个“重置”界面，提示用户进行后续操作。在此界面中，用户可以选择存储当前文件，或者选择取消操作，以满足不同的需求。

3. 文件合并。

在进行模型制作过程中，通常完成主要场景后，用户需采取合并策略，将场景内所使用的组件或模型整合至当前文件，以此来优化效果图制作流程。

要执行此操作，用户可点击“File”菜单，选择“Import”项下的“Merge”命令，在弹出的窗口中，定位并选择所需的“.max”文件，并点击相应按钮进行确认。

在随后的界面里，勾选需要导入的模型，并点击“确定”按钮，即可完成模型的合并操作，具体界面如图5-13所示。

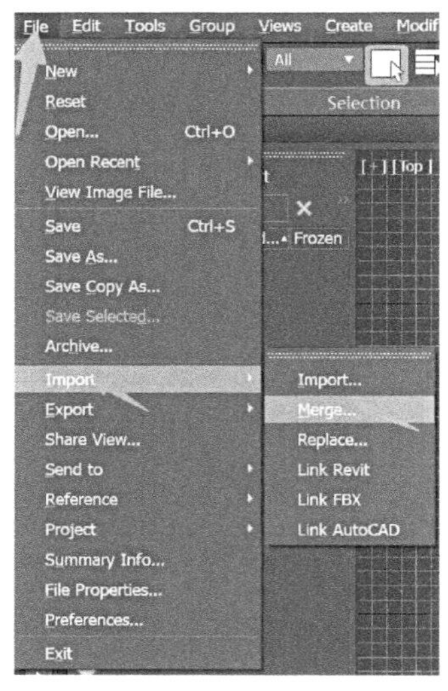

图5-13　文件合并

4．文件归档。

用户在利用3Ds Max 2024软件进行效果图、产品展示图、动画及游戏场景的创作时，为了确保场景中的模型材质、贴图、灯光和音效等元素在复制或网络渲染时能够完整保留，通常采取归档处理的方式。这种方式能够高效地将当前文件所依赖的所有资源集中打包，以便于在其他计算机上打开或访问时，文件内容保持完整且一致。

归档处理的具体步骤如下：

（1）文件保存。对当前模型文件进行保存操作，确保模型材质、灯光和渲染等参数的设置得以保留。

（2）文件归档。通过点击“File”菜单中的“Archive”命令，将弹出一个归档对话框，如图5-14所示。在这个对话框中，用户可以进行归档设置。

（3）完成归档。完成设置后，点击“Save”按钮，系统将开始归档操作。此时，会弹出一个写入文件命令的对话框，提示归档正在进行中。当对话框关闭时，归档操作完成。

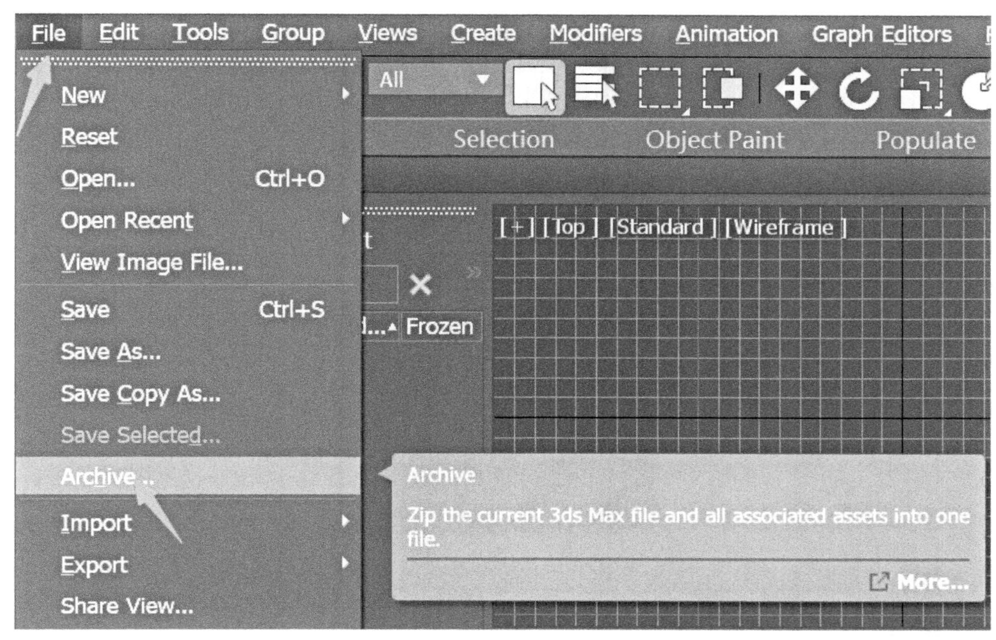

图5-14　文件归档

5.3 三维建模基本方法

三维建模在3Ds Max 2024软件中占据着核心地位。三维建模不仅是各类视觉呈现效果图的基石，而且是模型创作的基础。通过创建命令面板中的几何体类别，用户可以轻松地构建基础的三维几何体。三维建模可以帮助用户实现二维图形向三维模型的转化，完成更为复杂且精细的建模技巧。三维建模赋予了模型极大的形态变化自由，让用户在后期能够随心所欲地进行修改和调整，实现创意的无限可能。

5.3.1　标准基本体

3Ds Max 2024软件提供11种标准基本体，包括长方体（Box）、圆锥体（Cone）、球体（Sphere）、几何球体（GeoSphere）、圆柱体（Cylinder）、管状体（Tube）、圆环体（Torus）、四棱锥（Pyramid）、茶壶（Teapot）、平面（Plane）和加强型文本（TextPlus）。具体界面如图5-15所示。

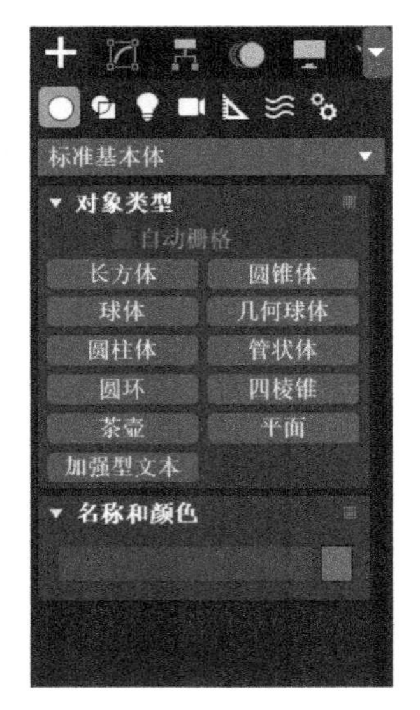

图5-15　11种标准基本体界面

5.3.1.1　长方体与圆柱体对象类型

在场景中，用户可以利用长方体与圆柱体对象类型来创建对应的长方体或圆柱体模型。这些对象具有丰富的参数设置，如长、宽、高、直径、半径及长度分段等，如图5-16和图5-17所示，这为用户提供了创作的灵活性。

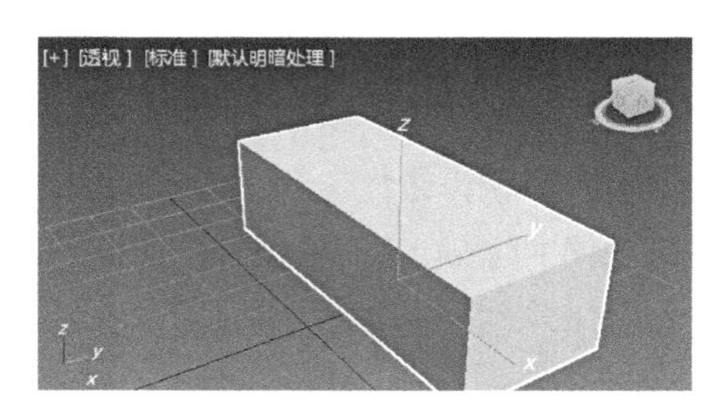

图5-16　长方体模型

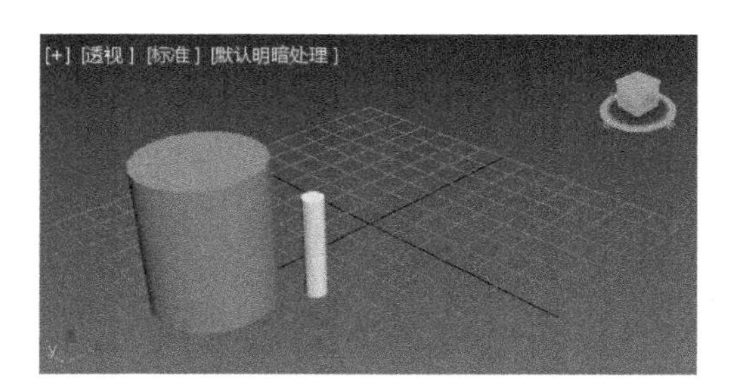

图5-17　圆柱体模型

5.3.1.2　球体与几何球体对象类型

球体与几何球体对象类型允许用户在场景中创建球体模型（如图5-18所示）与几何球体模型。无论是球体还是几何球体，它们都具有半径、分段等参数，用户可根据需要调整模型的形态和细节。这些参数在创建模型时起到了关键作用，帮助用户打造更好的视觉效果。当用户修改这些参数时，模型的形态也会随之发生变化，使得整个创作过程更加富有挑战性。

图5-18　球体模型

5.3.1.3　管状体对象类型

通过管状体对象类型，用户能够在场景中轻松创建管状体模型，如图5-19所示。管状体对象类型提供了诸如半径、高度及边数等参数，这些参数为用户提供了丰富的定制选项，使得管状体模型的创建更为精准和灵活。

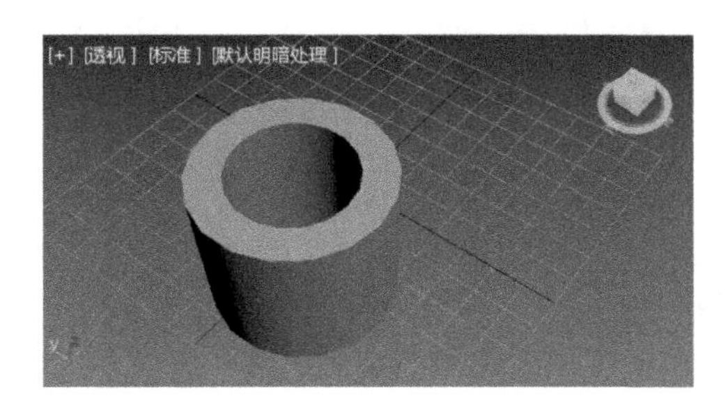

图5-19　管状体模型

5.3.1.4　圆锥体对象类型

通过圆锥体对象类型，用户可以在场景中创建出理想的圆锥体模型，如图5-20所示。圆锥体对象类型具备半径、高度及高度分段等参数，它们共同决定了圆锥体的形态和细节。通过调整这些参数，用户能够轻松打造出符合需求的圆锥体模型，为场景增添真实感。

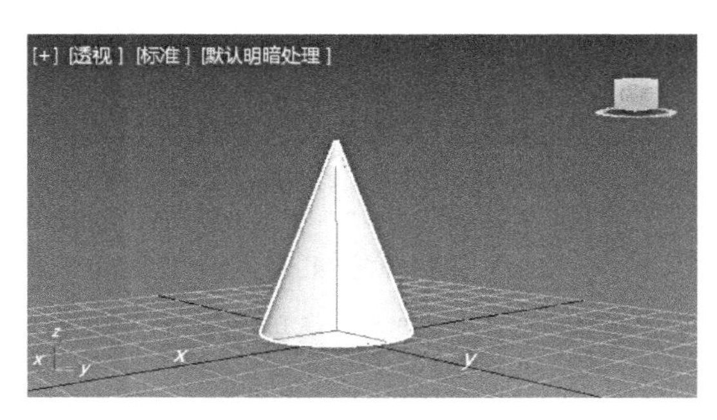

图5-20　圆锥体模型

5.3.1.5　圆环体对象类型

通过圆环体对象类型，用户可以在场景中构建出独特的圆环体模型，如图5-21所示。圆环体对象类型提供了半径、旋转和扭曲等参数，让用户能够创造出形态各异、充满创意的圆环体效果。

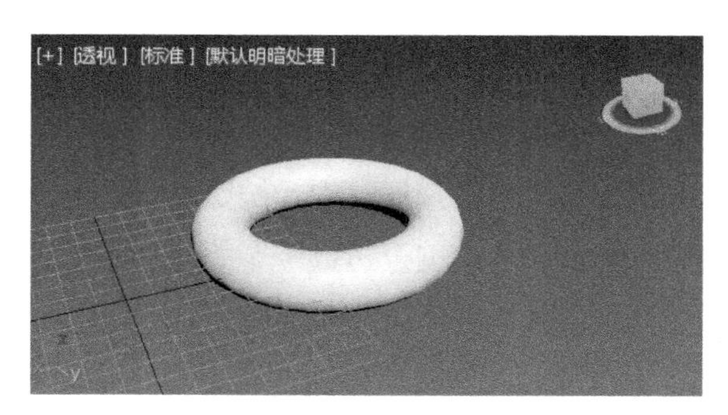

图5-21　圆环体模型

5.3.1.6　四棱锥对象类型

四棱锥对象类型允许用户在场景中创建四棱锥模型，如图5-22所示。这种几何体以独特的形态和结构，增添了丰富的场景元素。

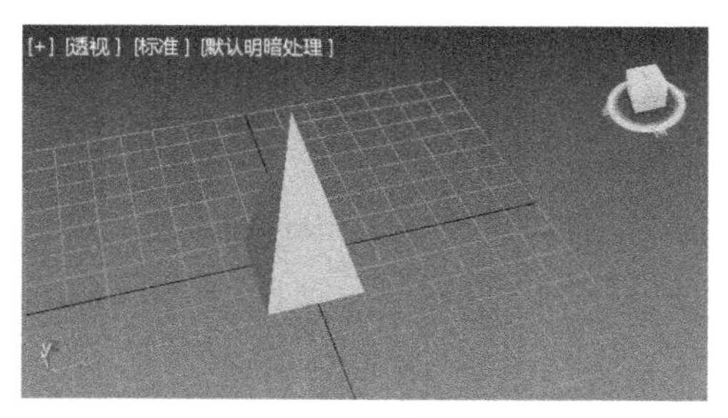

图5-22　四棱锥模型

5.3.1.7 平面对象类型

平面对象类型代表了一个没有厚度的平面实体，如图5-23所示。其长度值决定了平面在长、宽方向上的分段参数，这使得用户能够根据需要调整平面的精细度以展现更佳的效果。

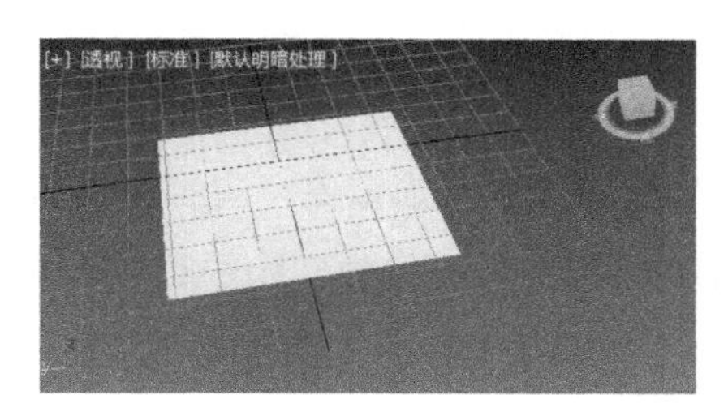

图5-23 平面模型

5.3.1.8 茶壶对象类型

茶壶对象类型在场景中为用户呈现出了经典的茶壶模型，如图5-24所示。通过调整其半径和分段参数，用户可以轻松控制茶壶的大小和表面光滑程度。

图5-24 茶壶模型

5.3.1.9 加强型文本对象类型

加强型文本对象类型为用户提供了一种在场景中创建文本对象的高效方式。加强型文本对象类型的特性在于，可以根据用户所选的文本类型及设定的挤出高度来生成具有立体感的文本效果，如图5-25所示。这样用户在设计过程中能够轻松地将文字与三维场景相结合，实现更为丰富和生动的场景。

图5-25 加强型文本模型

5.3.2 基本操作

5.3.2.1 控制对象

在探讨3Ds Max 2024软件的基本操作时，界面下方的“主工具栏”是一个需要频繁使用的组件。建议初学者先掌握主工具栏的操作技巧。

1. 撤销和重做。

谈及操作，其中撤销与重做功能尤为重要。主工具栏编辑按钮中，包含了撤销与重做的操作，如图5-26所示。在实际操作中，用户可以利用“Ctrl+Z”组合快捷键进行撤销操作，以及“Ctrl+Y”组合快捷键进行重做操作。

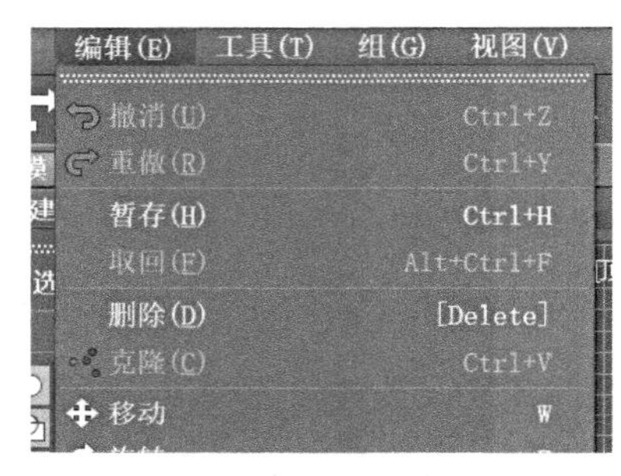

图5-26 撤销与重做

2. 暂存和取回。

暂存与取回功能也是主工具栏的一大亮点。这个功能与PhotoShop中的“快照”功能颇为相似，能够临时存储当前的操作状态，便于快速回到之前的操作。然而，与PhotoShop中的“快照”工具不同的是，3Ds Max 2024软件中的暂存功能仅支持一次存储，如果再次执行暂存时，那么之前的状态将无法恢复。执行暂存操作时，只需选择“编辑”菜单中的“暂存”命令；而取回时，直接选择“编辑”菜单中的“取回”命令即可。暂存与取回功能如图5-27所示。

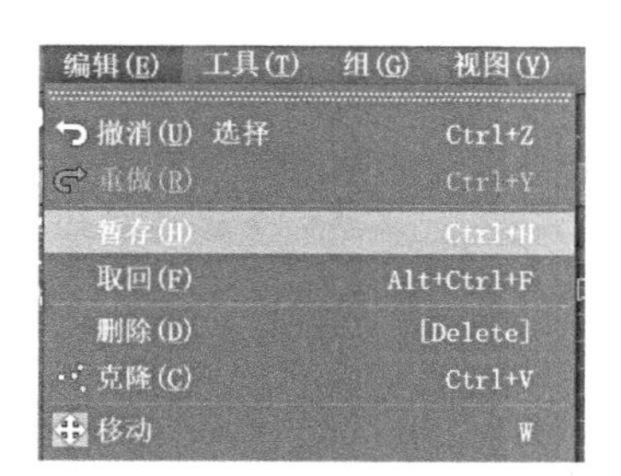

图5-27 暂存与取回

3．链接和绑定。

“链接”用于连接外部文件，“绑定”用于连接内部对象属性，如图5–28所示。链接和绑定操作，涉及三个功能按钮，这三个按钮位于主工具栏的左上方，分别为“选择并链接”“断开当前链接”和“绑定到空间扭曲”。这些功能在动画制作中发挥着重要作用。

图5–28　链接和绑定

5.3.2.2　选择对象

当物体的创建工作完成后，若需对对象进行进一步编辑，则首要步骤是选中对象，进而执行对象操作。选择对象时，用户可以采用多种方法，如使用选择过滤器、单击直接选择、通过名称来精确选择、框选形状选择等。这些方法能够灵活应对不同场景和需求，帮助用户高效地进行物体编辑工作。

1．选择过滤器。

选择过滤器是一种用于筛选对象类别的工具，允许用户从列表中选择特定的过滤方式，如几何体、图形、灯光、摄像机或辅助对象等。在建模过程中，这个过滤器的使用频率相对较低。然而，在进行灯光调整时，用户通常需要将过滤类型设置为“灯光”，以便更快捷地选择灯光对象。

2．单击选择。

单击选择是一种快速且直接的选择方式。用户在工具栏中激活“选择工具”（快捷键为“Q”）后，只需简单点击对象，即可完成选择操作。在单视图中，被选中的对象会以白色线框的形式显示，使得选择结果一目了然。

3．名称选择。

名称选择是通过对象的名称来进行选择的，该工具的快捷键为“H”键。在练习阶段，用户可能不太关注模型名称，但在正式制作模型时，应为创建的物体重新命名，并对关联密切的物体进行成组。名称选择将极大地提高选择和编辑操作的便捷性。用户按下“H”键后，视窗会弹出一个“从场景选择”对话框，如图5–29所示，帮助用户轻松地通过名称来选取物体。

图5-29 名称选择

4. 框选形状。

框选形状是一种用于定义框选对象时框选线的绘制形态。通过连续按下两次“Q”键或从框选形状下拉列表中选择，用户可以轻松切换不同的框选形状。这些形状包括矩形选框、圆形选框、多边形选框、套索选框及绘制选择区域等，如图5-30所示。这些形状选框可满足用户在不同场景下的选择需求。

图5-30 框选形状

5. 窗口/交叉选择。

窗口/交叉选择用于调整框选线的属性，以改变选择对象的方式。在默认情况下，只要框选线条接触到对象，该对象就会被选中，如图5-31所示。当用户点击该按钮，使其呈现圈状态时，如图5-32所示，框选线条需要完全包围对象，才能成功选中对象。这种选择方式更精确，适用于需要精确选择对象边界的场景。

图5-31　窗口/交叉选择（上）

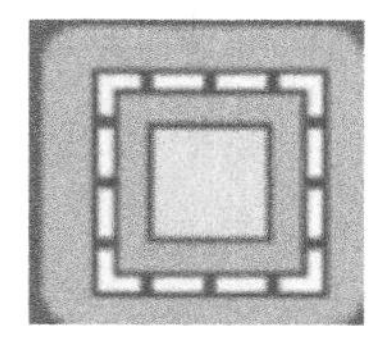

图5-32　窗口/交叉选择（下）

5.3.2.3　双重工具

双重工具，顾名思义，指的是具有双重功能的工具。在主工具栏中，这样的双重工具包括四组，分别是“选择并移动”“选择并旋转”“选择并缩放”及“选择并放置”。每一组工具都融合了选择和操作两种功能，使得用户在3Ds Max 2024软件中的建模和编辑工作变得更加高效和便捷。

1．选择并移动。

“选择并移动”的快捷键是“W”键。这个工具能够让用户在选择物体的同时，也能够执行移动物体的操作。对初学者来说，建议在单视图中进行移动操作，这样更易于观察和控制。当使用“W”键选中物体后，视窗会显示出坐标轴图标。此时，用户只需将鼠标悬停在图标上，即可锁定想要控制的轴向。例如，悬停时锁定x轴，如图5-33所示。

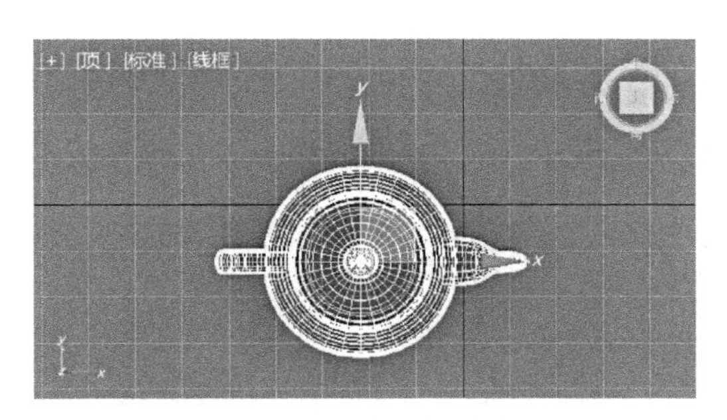

图5-33　选择并移动

“选择并移动”的具体功能如下：

（1）坐标轴图标的显示。此图标对于锁定轴向的操作具有极大的辅助作用。若图标未显示，则用户可以通过点击“视图”菜单，并选择“显示变换Gizmo”命令来启用坐标轴图标的显示。

（2）调节坐标轴图标的大小。用户可以通过在键盘上按下“+”键来放大图标，或按下“-”键来缩小图标。

（3）实现精确移动。在场景建模过程中，精确的移动操作对后续的材质编辑和灯光调节至关重要。例如，如果用户需要将选中的球体水平向右移动50个单位，那么可以先使用“W”键选中该物体，然后右键点击主工具栏中的相关按钮或按下“F12”键，这将弹出一个名为“移动变换输入”的窗口。在此窗口中，用户可以进行精确移动设置，如图5-34所示。

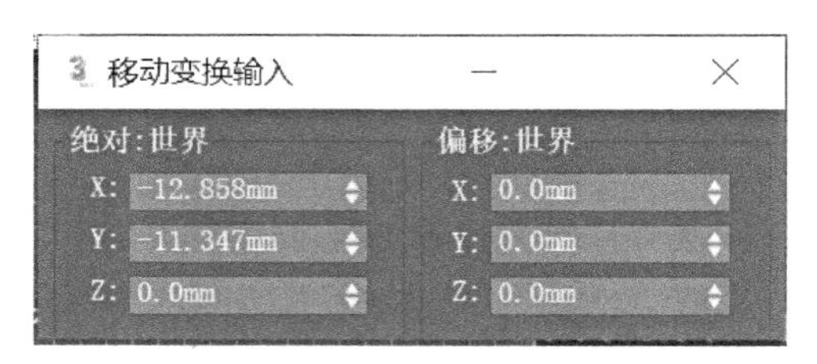

图5-34　精确移动设置

（4）使用世界坐标。世界坐标代表着一种绝对坐标的计算方式。例如，当用户决定向右移动50个单位时，需要将这个数值加到当前物体的坐标上。而在使用世界坐标时，用户需要输入的是物体新的绝对位置。屏幕坐标则是一种相对坐标的计算方式。在调整物体位置时，用户无需关心物体当前所处的绝对坐标位置，只需关注从当前点相对于原点移动了多少数值即可。

2．选择并旋转。

按下“E”键即可启动选择并旋转工具，使用户能够便捷地选中物体并对其进行旋转操作，如图5-35所示。在进行旋转操作时，旋转的控制轴将以锁定的轴向为准。为了更加精确地识别锁定的轴向，用户可以观察坐标轴图标的颜色变化。

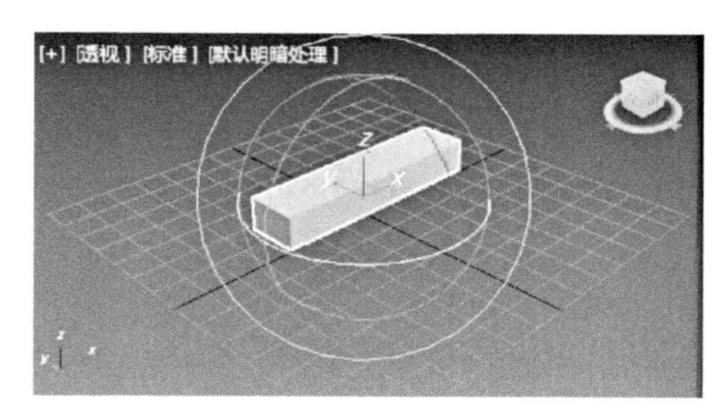

图5-35　选择并旋转物体

3. 选定并缩放。

按下“R”键即可启动选定并缩放功能，使用户对选中的对象进行等比例、非等比例或挤压等多种缩放操作，如图5-36所示。启动工具并选定对象后，用户只需在对象上点击并拖动鼠标，即可轻松实现缩放效果。值得注意的是，等比例缩放与非等比例缩放的区别在于鼠标在坐标轴图标上悬停的位置不同，这会在实际操作中有所体现。

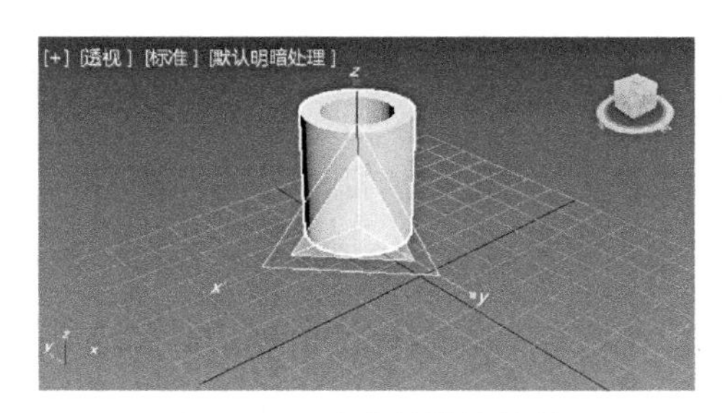

图5-36　选定并缩放物体

4. 选定并放置。

“选定并放置”工具提供了一种精准的方式，可以将所选物体放置到指定的曲面物体上，如图5-37所示。“选定并放置”工具提供了移动和旋转两种操作方式，用户只需将鼠标悬停在工具图标上，点击鼠标后从弹出的下拉列表中选择所需的操作方式，即可实现该功能。

进行选定并放置物体的具体操作如下：首先，在场景中创建所需的曲面物体和待旋转的物体。其次，选择需要放置的物体，再点击主工具栏中的“选定并放置”图标。最后，将鼠标单击并拖动至曲面物体的表面，通过调整鼠标的位置，选择合适的放置点，确保物体能够精确地放置在目标位置。

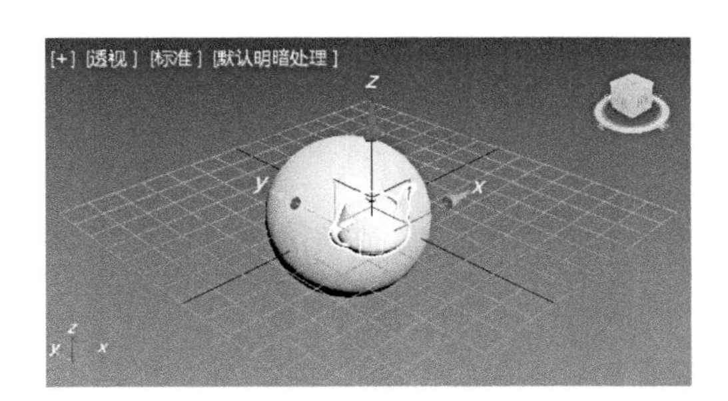

图5-37　选定并放置物体

5.3.2.4 捕捉设置

在AutoCAD软件的图形绘制过程中，捕捉工具发挥着至关重要的作用，能帮助用户实现精细且准确的绘制。同样，在3Ds Max 2024软件中，捕捉工具也是很重要的，主要包括“对象捕捉”“角度捕捉”和“百分比捕捉”三种工具。其中“百分比捕捉”在日常应用中相对较少。因此，下面主要聚焦于“对象捕捉”和“角度捕捉”的使用方法，以便更好地满足用户的实际需求。

1. 对象捕捉。

对象捕捉工具可通过按下“S”键快速激活，如图5-38所示。对象捕捉工具支持在2D、2.5D及3D空间中根据预先设定的捕捉内容进行精确的定位。如需切换不同的捕捉类型，只需长按“S”键，即可在弹出的选项中选择所需的捕捉方式。这一功能极大地提升了绘图的精准性和效率。例如，将鼠标指针置于按钮后，右击鼠标，在弹出的界面中，即可设置捕捉内容。

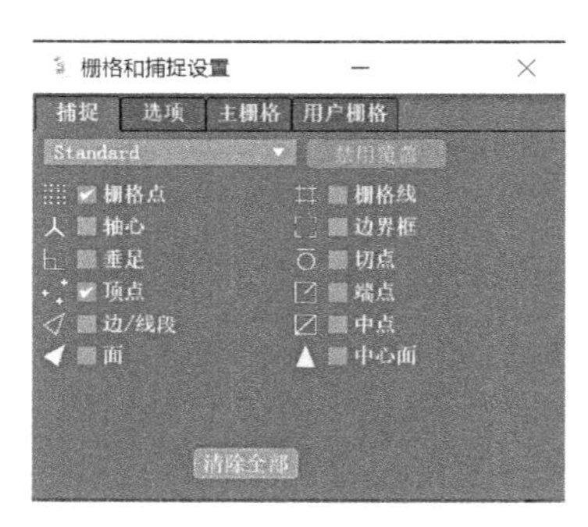

图5-38 对象捕捉设置

对象捕捉的参数如下：

（1）栅格点。在单视图界面内，栅格点代表着默认的网格线与网格线之间的交会点。

（2）轴心。启用轴心选项后，进行对象捕捉时，将自动锁定对象的中心轴心点。

（3）垂足。垂足是专门用于捕捉绘制线条时与现有线条的垂直交点。这对线条绘制特别实用。

（4）顶点。既能捕捉物体的顶点，还能捕捉两个物体相交或重叠部分的顶点。

（5）边/线段。一般用于精确捕捉对象的特定边缘或线段部分。在日常应用中较少使用。

（6）面。在编辑网格或多边形时，可帮助捕捉“三角形”网格片，方便用户进行面级别的编辑。

（7）栅格线。栅格线即常规的网格线。启用此选项后，捕捉网格线线条更方便。

（8）边界框。选择此选项后，捕捉功能将自动定位到物体的外部边界线条。

（9）切点。专门用于捕捉绘制线条时与圆的切点，是图形绘制中的常用功能。

（10）端点。用于精确捕捉对象的端点或起始点。

（11）中点。此选项允许用户精确捕捉对象的中间位置点，方便用户进行对称或中心对齐等操作。

（12）中心面。针对“三角形”网格片，该选项提供了捕捉其中心点的功能，使得用户在编辑网格或多边形时，能更准确地定位和操作中心面。

2. 角度捕捉。

角度捕捉功能通过快捷键“A”激活，依据预设的角度值进行捕捉提示。若设定角度为30°，则在旋转过程中，每当达到30°或其整数倍（如60°、90°、120°等）时，系统均会自动锁定并予以提示。此功能常与“选择并旋转”工具协同使用，以确保旋转操作的精确无误。

如需调整角度值，可将鼠标移至按钮，右击鼠标以弹出设置界面，在弹出的设置界面上进行角度数值的设定。具体设置方式如图5-39所示。

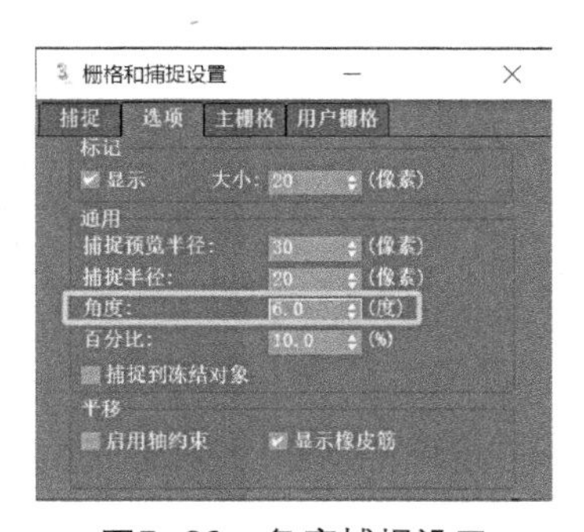

图5-39　角度捕捉设置

5.3.2.5　复制和群组

复制和群组是一种高效创建多个相同或相似物体的手段。在3Ds Max 2024软件中，为了满足用户的多样化需求，提供了诸如“变换复制”“阵列复制”“镜像复制”等多种复制对象的方法。这些功能使得复制操作更加灵活和便捷。以下介绍变换复制和矩阵复制两种。

1．变换复制。

在保持按下“Shift”键的状态下，无论是进行移动或旋转，还是缩放操作，均能够实现对物体的复制，如图5-40所示。通过这种方法，用户可以轻松地创建物体的副本，并进行后续的编辑和调整。

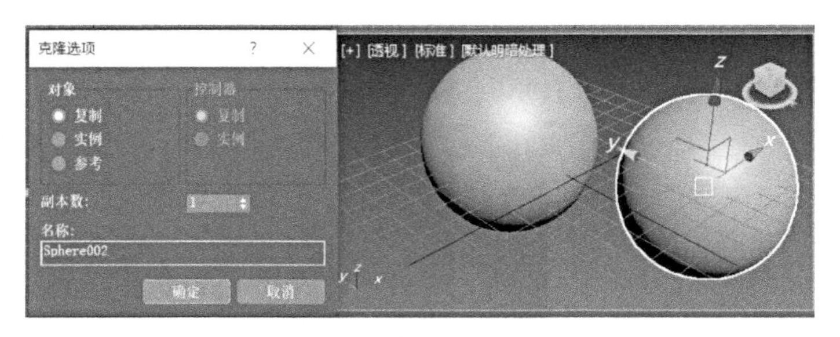

图5-40　变换复制的克隆选项

变换复制的克隆选项如下：

（1）复制。复制操作生成的物体与原物体之间是完全独立的，它们之间没有任何联系。这种操作适用于那些需要完全独立的副本场景，因为对原物体的任何修改都不会影响到复制后的物体。

（2）实例。实例操作生成的物体与原物体是相互关联的。对原物体的任何修改都会直接反映到实例物体上，反之亦然。这种操作特别适用于需要多个物体共享相同属性或设置的情况。比如，使用同一个开关控制多种灯光。

（3）参考。参考操作创建的物体与原物体之间的关联是单向的，即原物体的变化会影响到参考物体，但参考物体的变化不会影响原物体。这种单向关联在某些特定的编辑场景中非常有用。

（4）副本数。这一选项用于设定复制操作后生成的物体数量。需要注意的是，这个数量并不包括原物体本身。因此，复制后物体的总数量就是设定的副本数原物体本身之和。

（5）名称。通过这一选项，用户可以为复制后的物体设置新的名称。这允许用户在进行复制操作后，对复制后的物体进行命名，以便于后续的识别和管理。

（6）控制器。“控制器”中的“复制指的是在动画控制器层面复制设置或属性，“实例”则创建控制器的实例，实例之间的动画行为是链接的，修改一个会影响到所有实例。“控制器”的复制和实例影响动画设置和行为的独立性与同步性。

2．阵列复制。

尽管“变换复制”方法确实带来了操作上的便利与快捷，但是“变换复制”在精确控制复制后原物体与各副本物体间的位置、角度和大小关系方面显得力不从心。为了解决这一问题，可以采用“阵列复制”这一更为精准的方法。通过“阵列复制”，用户可以对选定的物体进行精确的移动、旋转和缩放等复制操作，从而确保复制后原物体与各副本物体在各方面的关系都能得到准确的设定。

阵列复制操作方法：首先需选中目标物体，随后在“工具”菜单中选择“阵列”命令。这一操作将触发“阵列”对话框的弹出，如图5-41所示。

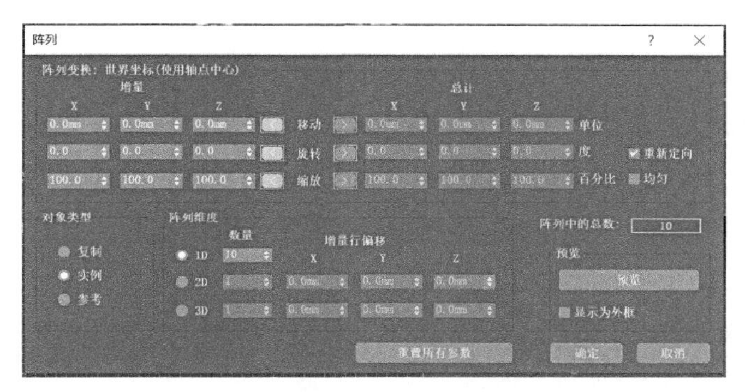

图5-41　阵列设置

（1）阵列复制的设置。

①增量。增量用于精细调控各个物体间的相对位置关系。例如，当执行移动并复制操作时，可以通过“增量”参数来定义每一个物体与相邻物体之间的具体位置间隔，从而实现更加精确的物体排列布局。

②总计。总计用于确定所有物体之间的相对位置关系。例如，若用户希望移动并复制5个物体，并希望从第一个物体到最后一个物体之间总共移动200个单位，那么可以通过点击相应按钮来切换增量和总计移动参数。

③对象类型。定义复制物体之间的关联方式，提供了复制、实例和参考三种选项。

④阵列维度。阵列维度用于确定物体在复制后的扩展方向，分为线性（1D）、平面（2D）和三维（3D）三种模式。尽管平面和三维的效果看起来复杂，但实际上它们可以通过线性的两次和三次运算来实现。

⑤预览。此功能允许用户在操作前查看阵列复制后的效果，以便更直观地调整参数。

（2）以阵列复制的应用——以直行楼梯为例。

①设置阵列参数。在执行“自定义”菜单下的“单位设置”命令中，将单位调整

为“mm”。接着，在顶视图中创建一个长方体，将尺寸设定为长度“1 600 mm”、宽度“300 mm”及高度“150 mm”，如图5-42所示。

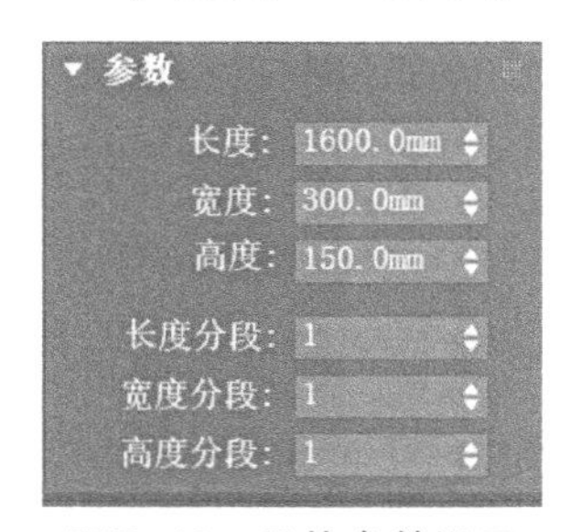

图5-42　具体参数设置

将当前操作视图切换至前视图。随后，将鼠标光标放置在前视图中，右击鼠标以打开菜单，并选择“工具”下的“阵列”命令。在弹出的设置界面中，根据需求调整相关参数，阵列参数设置如图5-43所示。完成设置后，点击“确定”按钮。这样，用户将得到使用阵列复制后得到的楼梯格效果，如图5-44所示。

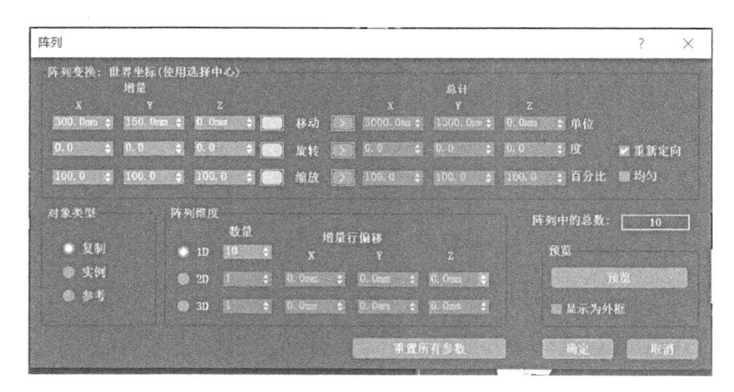

图5-43　阵列参数设置

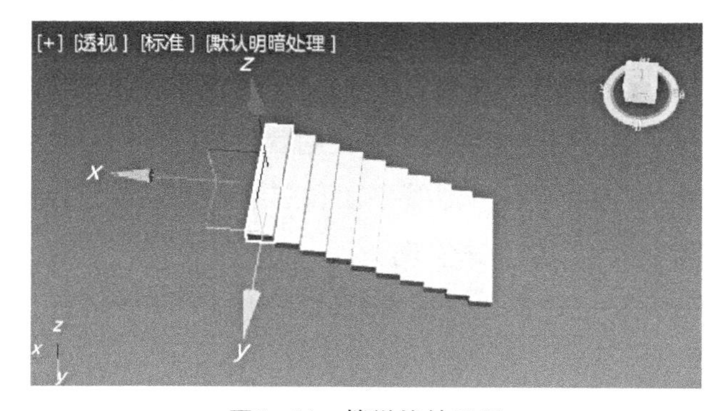

图5-44　楼梯格效果图

②设置楼梯格。在顶视图中，创建一个圆柱体，将其设定为楼梯的栏杆，并确保其半径为“10 mm”，高度为“700 mm”，其他参数则保持默认设置。接下来，按下键盘上的“S”键，以开启“对象捕捉”工具。在捕捉方式中，选择2模式，并在对象捕捉选项界面中勾选“中点”选项。随后，在前视图中，精细调整圆柱体与楼梯踏步之间的位置关系，确保它们准确并对齐。

③调节圆柱的位置。打开“工具”菜单，并从中选择“阵列”命令。随后，在弹出的界面中，无需进行任何额外设置，直接点击“确定”按钮即可。此操作将保持与创建楼梯格时相同的移动复制参数，从而生成所需的单根栏杆效果。完成后，效果如图5-45所示。

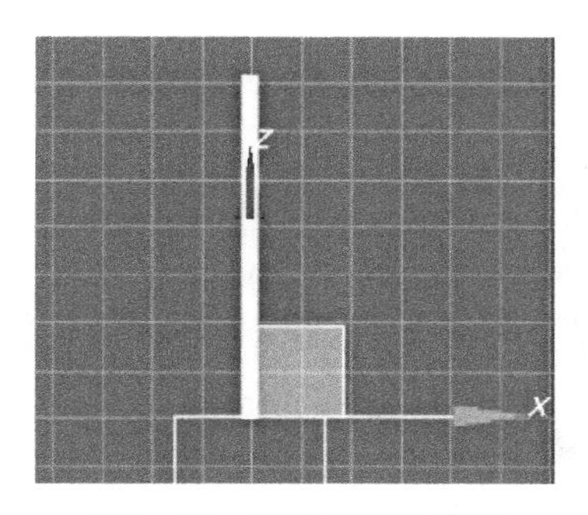

图5-45　调节圆柱的位置

④设置圆柱阵列参数。打开“工具”菜单，并从中选择“阵列”命令。随后，在弹出的界面中，设置与创建楼梯格时相反的移动复制参数，即宽度“-300 mm”、高度“-150 mm”，如图5-46所示，从而生成所需的总体栏杆效果。完成后，栏杆阵列效果如图5-47所示。

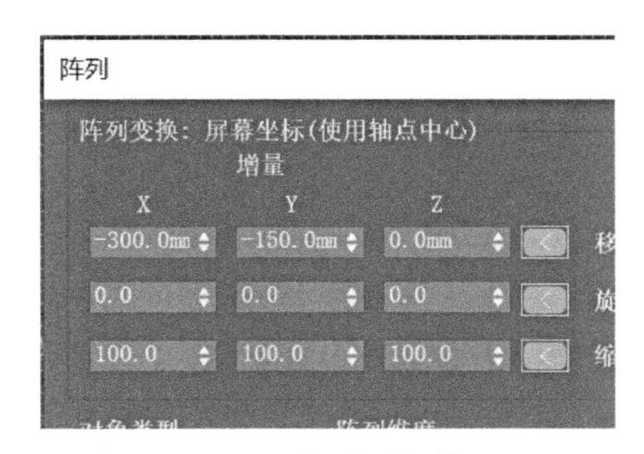

图5-46　圆柱阵列参数设置

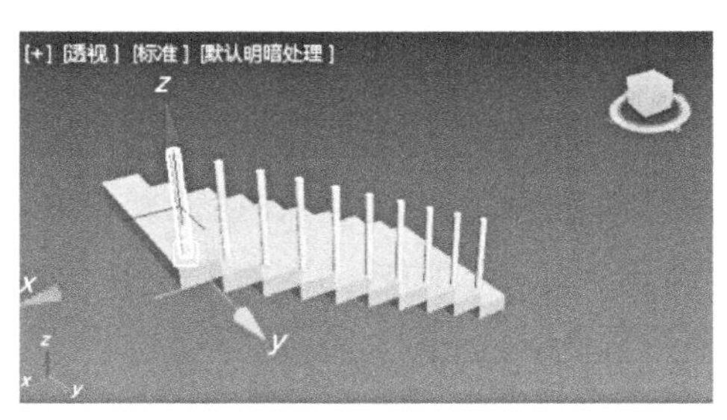

图5-47　栏杆阵列效果图

⑤在左视图的界面中，创建一个圆柱体物体，并将其设定为楼梯的扶手。此扶手的半径应精确控制为“30 mm”，而高度则大致为“3 500 mm”。接着，切换到前视图，利用“移动”和“旋转”工具对扶手的位置进行细致的调整，确保其与楼梯的整体设计相协调。调整完成后的楼梯效果如图5-48所示。

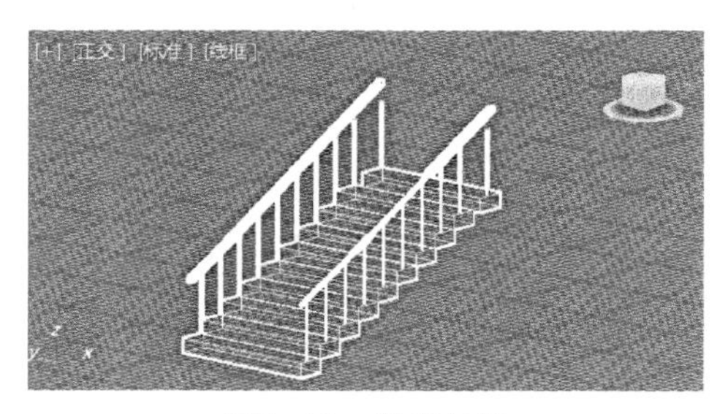

图5-48　楼梯效果

5.3.3　实战案例

下文将进行一个实战操作——课桌，最终的效果如图5-49所示。下面将介绍详细的操作步骤。

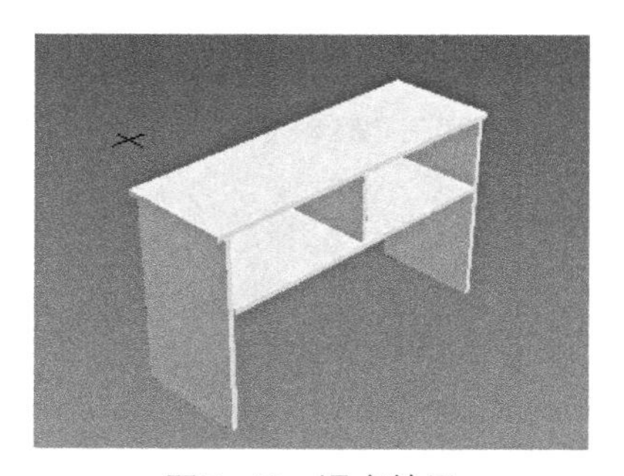

图5-49　课桌效果

5.3.3.1　创建物体

首先，打开“自定义”菜单，选择“单位设置”命令，并将默认单位更改为

“mm”。其次，在顶视图中创建一个长方体物体，长度设定为“400 mm”，宽度为“1 200 mm”，高度为“20 mm”。最后，转到左视图，再次创建一个长方体，并将其作为桌腿使用，长度设为“700 mm”，宽度为“400 mm”，高度为“20 mm”。完成上述步骤后，所得到的物体布局如图5–50所示。

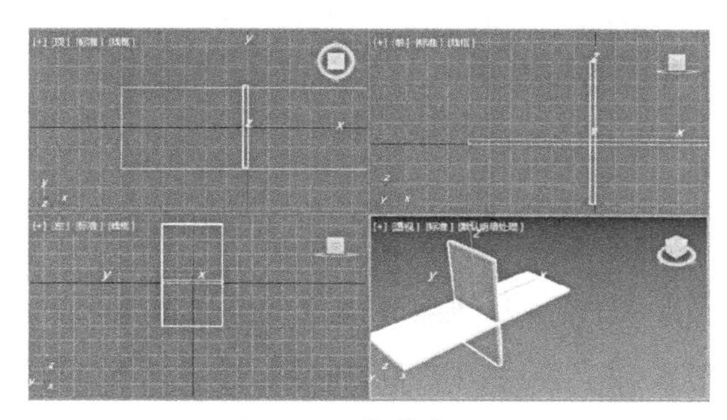

图5–50 物体布局图

5.3.3.2 调节桌腿位置

1. 设置x轴数值。

（1）按下快捷键“S”键，以启动“对象捕捉”工具。

（2）将捕捉类型调整为按钮状态，确保捕捉方式设置为“端点”选项。

（3）利用对齐工具，精确调整桌腿与桌面的位置关系，确保它们之间的连接准确无误。

（4）按下“F12”键，在弹出的界面中，选择右侧的屏幕坐标系作为参考。

（5）在x轴对应的输入框（偏移：屏幕）中输入数值“30”，如图5–51所示，并按下“Enter”键进行确认。

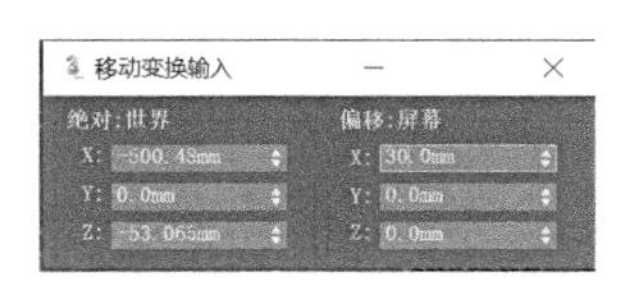

图5–51 设置x轴数值

2. 设置桌腿。

在前视图中，首先，按住“Shift”键，开始移动桌腿以进行复制操作。其次，确保桌腿与所需端点的精确对齐。最后，按下“F12”键，并在弹出的界面中，设置向左侧移动的距离为30个单位。完成这些步骤后，用户将得到所需的桌腿效果如图5–52所示。

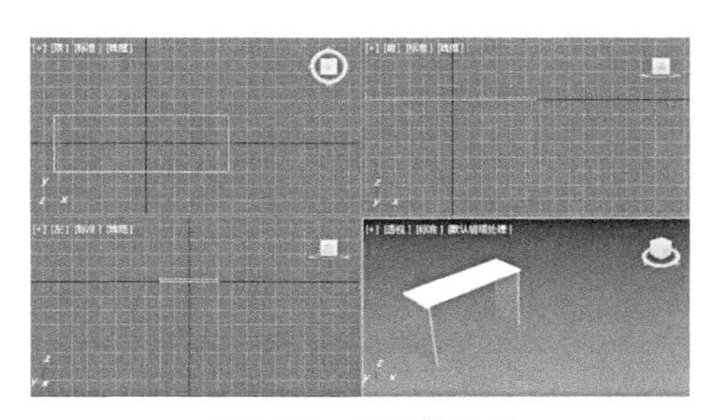

图5-52　桌腿效果图

5.3.3.3　制作桌板

在前视图中，首先，选中上方的桌面对象。其次，按下“Ctrl+C”和“Ctrl+V”组合键，实现原地复制操作。再次，按下“F12”键进入屏幕坐标系编辑模式，在*y*轴数据输入框中输入“-200”，并按下“Enter”键进行确认。最后，调整复制后长方体的长度至“1 100 mm”。完成这些步骤后，可得到如图5-53所示的桌板效果图。

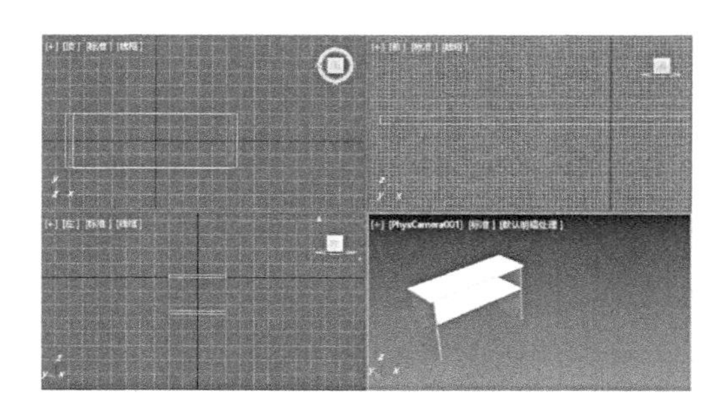

图5-53　桌板效果图

5.3.3.4　制作中间隔板

在前视图中，创建一个长方体，这个长方体将作为中间的隔板使用。设定其长度为“180 mm”，宽度为“20 mm”，高度为“400 mm”。这样设置后，即可生成所需的中间隔板的造型，调整好位置，中间隔板效果如图5-54所示。

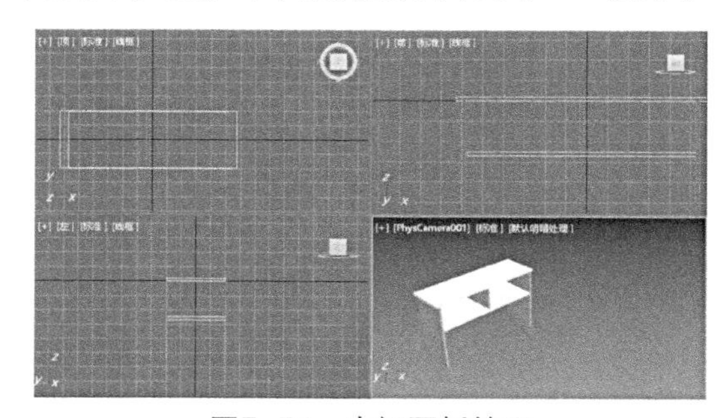

图5-54　中间隔板效果

5.3.3.5　执行群组

当课桌的各个部分均创建完毕后，就可以将它们全部选中。接着，执行“组”菜单中的“成组”命令，将它们组合成一个整体。这样，用户就能得到最终的课桌效果，如图5-55所示。

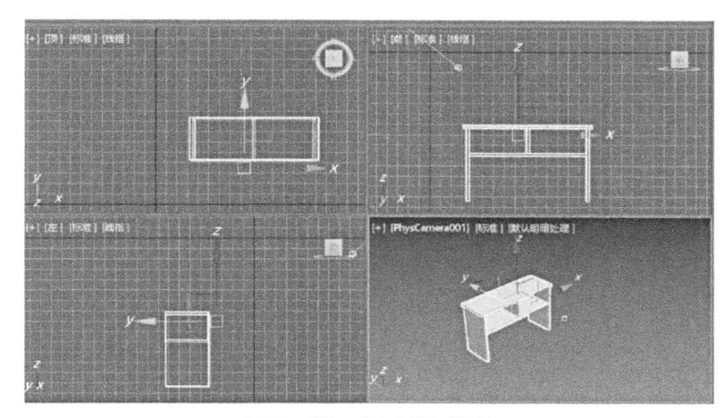

图5-55　课桌效果图

以上所述，便是3Ds Max 2024软件之基础内容的全面概览。因3Ds Max 2024软件博大精深，远非寥寥数语所能穷尽。开发者如果想要深入探究其奥秘，了解更详尽的操作内容，那么需要查阅相关权威书籍和网络资料，以汲取更专业的知识和各方智慧之精华。唯有如此，开发者方能逐步掌握其精髓，灵活运用其各项功能。

在掌握了基础操作之后，开发者还需要发挥个人的创意与想象力，去创造、设计出属于自己独特的三维空间。无论是建筑、景观的设计师，还是虚拟角色、动画影像的开发者，皆可在3Ds Max 2024软件上尽情施展才华，实现心中的艺术构想，创造出更多精彩纷呈的作品。

课后习题

一、单选题

1．在3Ds Max 2024软件中，下列快捷键用于切换到Top（顶）视图的是（　　）

A．T　　B．B　　C．L　　D．R

2．在3Ds Max 2024软件中，进行阵列复制操作时，“阵列维度”不包括的模式是（　　）

A．线性（1D）　　B．平面（2D）

C．三维（3D）　　D．四维（4D）

3．在3Ds Max 2024软件中，下列工具用于设定不同类型过滤器的是（　　）

A．Select Object（选择对象）

B．Select by Name（按名称选择）

C．Selection Filter（选择过滤器）

D．Rectangular Selection Region（矩形选择区域）

4．在3Ds Max 2024软件中，下列复制操作生成的物体与原物体之间是完全独立的是（　　）

A．复制　　B．实例

C．参考　　D．以上都不是

5．在3Ds Max 2024软件中，下列菜单用于设置动画效果的是（　　）

A．Create（创建）　　B．Modifiers（修改器）

C．Animation（动画）　　D．Graph Editors（图形编辑器）

二、多选题

1．3Ds Max 2024软件在下列领域中有广泛应用的是（　　）

A．建筑设计　　B．机械设计

C．影视特效制作　　D．医学图像处理

2．若要在3Ds Max 2024软件中选择多个对象，则下列操作中正确的是（　　）

A．单击鼠标左键选择每个对象

B．按住Ctrl键同时单击选择多个对象

C．按住Shift键同时单击选择多个对象

D．使用选择框进行选择

3．在3Ds Max 2024软件中，下列移动选定的对象操作正确的是（　　）

A．使用“移动”工具进行拖动　　B．修改对象的坐标值

C．在属性面板中设置移动参数　　D．使用快捷键直接移动对象

三、简答题

1．简述3Ds Max 2024软件中文件归档的具体步骤。

2．列举3Ds Max 2024软件中主工具栏的部分功能。

3．简述在3Ds Max 2024软件中创建一个复杂场景的基本流程。

06

第6章

虚拟现实技术案例开发与应用

本章将深入探索虚拟现实技术的案例开发与实际应用。首先，将聚焦虚拟现实游戏开发，了解游戏引擎的选择、虚拟世界的设计、虚拟现实游戏开发中的挑战及场景搭建。其次，探索虚拟培训与模拟体验，分析其在教育、医疗等领域的价值，展现虚拟现实技术在提高培训效率与安全性方面的优势。再次，互动旅游与虚拟导览作为新兴领域，通过案例展示虚拟现实技术如何打破时空界限，为游客带来沉浸式体验。从次，本章还将介绍敏捷开发框架在虚拟现实技术项目中的应用，提高开发效率与响应速度。最后，本章将探讨虚拟现实技术在电子工艺实践中的应用，包括电子设计、电子设备的建模技术与效果展示，以及电子设备的三维可视化，通过实践案例分析，展示虚拟现实技术如何为电子工艺领域带来变革。

6.1 虚拟现实游戏开发

6.1.1 虚拟现实游戏引擎选择与比较

6.1.1.1 主流虚拟现实游戏引擎概览

1．Unity。

Unity是一款由Unity Technologies公司开发的跨平台游戏引擎，设计目标是为游戏和交互式虚拟现实应用提供一个全面的解决方案，于2005年首次发布。目前，Unity已经成为游戏行业、虚拟现实应用、增强现实应用和其他交互式应用领域的常用开发工具之一。Unity强大又灵活的特性使其成为游戏开发者、虚拟现实应用和增强现实应用开发者的首选工具。Unity支持多平台开发，包括Windows、Mac、Linux、iOS、Android等，极大地方便了项目在不同设备上的部署。Unity的可视化开发环境、丰富的开发者社区支持和充足的资源商店，使得无论是初学者还是经验丰富的开发者都能够轻松入手，提高了用户的开发效率。Unity拥有先进的图形引擎，支持物理引擎、音频引擎等多个核心功能，提供了实时预览、网络支持，以及虚拟现实和增强现实技术的全面集成。无论是制作独立游戏、手机应用，还是进行虚拟现实和增强现实应用的开发，Unity都展现了卓越的性能，已成为虚拟现实开发领域领军级别的引擎。

Unity拥有卓越的跨平台能力。开发者可以使用单一代码库创建适用于多种平台的应用，包括个人计算机、移动设备、主机、虚拟现实设备等。Unity的可视化开发环境使得游戏和应用的开发变得直观且简单。通过直观的拖放式编程界面，开发者可以轻松地构建场景、调整元素属性，并在实时预览中直观地查看变化。

Unity拥有一个庞大而活跃的开发者社区，这为用户提供了丰富的教程、文档、插件和资源。开发者在社区中能够轻松解决问题、分享经验，从而更好地利用Unity的强大功能。Unity Asset Store是一个集成在引擎中的市场，提供了大量的免费和付费的资源，包括三维模型、纹理、脚本等。这为开发者提供了快速获取项目所需元素的途径。Unity是一个高度模块化的引擎，允许用户轻松扩展其功能。开发者可以编写自定义脚本、插件或整合第三方工具，根据项目需求进行定制。

Unity的图形引擎支持渲染技术，包括实时全局光照、高动态光照渲染、物理渲染等，为游戏和应用创造高质量的视觉效果。Unity内置了强大的物理引擎，支持刚体、碰撞检测、布娃娃系统等功能，使得虚拟环境更加真实可信。Unity提供了先进的音频引擎，支持3D音效、混音、空间混响等功能，为项目提供出色的音质。Unity内建的网络模块使得多人游戏和在线功能的开发变得更加便捷。开发者可以轻松地实现多人协作和竞技玩法。Unity对增强现实技术和虚拟现实技术有出色的支持。AR Foundation和虚拟现实技术开发套件使得开发者可以无缝创建增强现实技术和虚拟现实技术应用。Unity支持多种编程语言，其中以C#最为常用。这使得开发者能够使用熟悉的语言进行项目开发。Unity提供两个主要版本，即个人版（Personal）和专业版（Pro）。个人版可供个人开发者和小型团队免费使用，而专业版能提供更多高级功能，且需要支付一定的许可费用。

2．Unreal Engine。

Unreal Engine（虚幻引擎）是由Epic Games公司开发的一套综合性的游戏开发引擎。Unreal Engine既能用于游戏开发，也能广泛应用于虚拟现实应用、增强现实应用、电影制作等领域。Unreal Engine的强大之处体现在先进的图形渲染、高度可定制性、出色的物理引擎及跨平台性能。Unreal Engine的图形引擎可使用户打造引人入胜的视觉效果，支持实时全局光照、高动态光照渲染等技术。Unreal Engine的可定制性和灵活性使开发者能够创建各种类型的项目，如大规模的AAA游戏、模拟训练、实时建筑可视化等。Unreal Engine的物理引擎、音频引擎、人工智能系统等模块的集成为开发者提供了全方位的工具，使得项目的开发更加高效。Unreal Engine具有活跃的开发者社区，提供了丰富的教程和资源，同时Unreal Marketplace（虚幻商城）上有大量的资产和插件可供开发者使用。因为具备这些特性，所以Unreal Engine成为开发者首选工具之一，推动了游戏和虚拟现实应用行业的技术创新和艺术表达。

Unreal Engine提供了高度可定制的编辑器，使得开发者能够按照项目需求进行定制，从游戏机制到用户界面，几乎所有方面都可以根据开发者的需求进行调整。Unreal Engine内置了强大的物理引擎，支持逼真的碰撞检测、刚体模拟等功能，为虚拟世界提供了真实感。Unreal Engine集成了先进的音频引擎，支持3D音效、混音和环境音效，为项目提供了卓越的音频体验。Unreal Engine支持多平台开发，包括个人计算机、主机、移动设备和虚拟现实设备。这使得开发者能够将项目轻松移植到不同的平台上。Unreal Engine广泛应用于游戏开发，同时在虚拟现实应用、增强现实应用、电影制作、模拟训练等领域也取得了显著成效。

Unreal Engine引入了著名的Blueprint系统，允许开发者通过可视化编程方式构建游戏逻辑和交互，降低了编码门槛。Unreal Engine提供了先进的人工智能系统，包括导航系统、行为树等，使得开发者能够创建智能且逼真的虚拟角色。Unreal Engine对虚拟现实技术和增强现实技术有强大的支持，为开发者提供了创建沉浸式体验的工具。

3．CryEngine。

CryEngine是一款由Crytek公司开发的高性能游戏引擎，以卓越的图形质量和先进的物理引擎而受到游戏开发者的青睐。CryEngine首次亮相于2002年，在游戏领域表现出色，尤其是在《孤岛危机》等知名游戏中的成功应用。该引擎的核心优势之一是渲染能力，支持实时光照、全局照明和逼真材质的渲染，创造出逼真的游戏世界。CryEngine以其强大的物理引擎而著称，支持高级的碰撞检测、粒子模拟和流体动力学效果，为游戏开发者提供了在游戏中实现真实物理交互和环境效果的工具。CryEngine通过易用的编辑器和脚本语言（如C++和Lua）提供了高度可定制的开发环境，高度可定制性使得CryEngine适用于各种不同类型的项目，使开发者能够精确控制项目的各个方面。CryEngine的开发者社区相对较小，但仍然有一些热心的开发者在社区里分享开发教程和资源，这些资源对新手开发者入门和提高技能都是宝贵的资产。

CryEngine对虚拟现实技术有良好的支持，为开发者提供了创建沉浸式虚拟现实体验的工具。这在当前虚拟现实技术快速发展的时代显得尤为重要。CryEngine提供了可视化的编辑器，使得场景设计、光照设置和素材管理更加直观，包括先进的刚体物理引擎，支持高级的物理模拟，如液体、布料等。CryEngine提供了强大的人工智能技术，支持复杂的行为树和路径规划，创造出更加智能的虚拟角色。CryEngine集成了先进的音频引擎，支持3D音效和环境音效，提供了沉浸式的音频体验。CryEngine采用了免费使用模式，即开发者可以在不用支付许可费用的情况下免费使用引擎。需要注意的是，一旦开发者商业项目成功发布后，则需要支付版税。

6.1.1.2　引擎性能和兼容性比较

在进行引擎选择时，性能和兼容性是两个至关重要的考虑因素。不同的游戏引擎在性能和兼容性方面有着各自的优势和特点。

1. 性能比较。

性能是直接影响游戏或应用体验的一个关键因素。引擎的性能通常与图形渲染能力、物理引擎效率、资源管理等方面密切相关。一些引擎以先进的图形技术而著称，提供高质量的渲染效果，适用于需要打造引人入胜视觉效果的项目。物理引擎的性能也至关重要，对需要实时物理交互的游戏来说更是如此。

CryEngine凭借卓越的图形渲染技术与物理模拟引擎性能，在业界赢得了高度赞誉，它赋予开发者构建视觉震撼、物理反馈真实的游戏世界的强大能力，显著提升了用户游戏体验的沉浸感。相比之下，Unreal Engine则以其在图形技术领域的尖端突破，特别是全局光照等高级功能的卓越表现，展现了非凡的性能优势，为游戏开发创造了前所未有的视觉盛宴。而Unity以其在跨平台兼容性方面的卓越表现脱颖而出，无缝支持众多设备与操作系统，为开发者提供了前所未有的灵活性和广泛项目的适应性。即便是在资源受限的小规模项目或独立游戏开发中，Unity依然能够展现出令人瞩目的性能表现，确保游戏流畅运行，满足多样化的开发需求，进一步证明了其在性能优化与广泛适用性上的强大实力。

2. 兼容性比较。

兼容性是指引擎在不同平台和设备上的适用性。一个具有良好兼容性的引擎能够使项目轻松地在不同设备上运行，而无需进行大量的修改和适配。

Unity在兼容性方面具有明显的优势，支持多平台开发，包括个人计算机、移动设备、主机、虚拟现实设备和增强现实设备等。这种广泛的兼容性使得Unity成为小型团队和独立开发者的首选，同时也使其在移动游戏市场占有显著份额。Unreal Engine在跨平台兼容性方面表现较为优异，支持个人计算机、主机、移动设备及虚拟现实设备。由于卓越的图形技术，Unreal Engine通常用于制作高度图形要求的AAA游戏。CryEngine在兼容性方面也具备一定的实力，支持个人计算机和主机平台，同时也有虚拟现实技术的支持。然而，相对于Unity和Unreal Engine，其用户基数较小。

3. 综合考虑。

在进行引擎性能和兼容性比较时，开发者需要根据项目的特定需求和其他具体情况权衡各个方面。Unity适用于广泛的项目类型，特别是移动游戏和小规模项目。Unreal Engine在图形渲染方面表现出色，适用于需要高度视觉效果的AAA游戏。CryEngine以物理引擎和虚拟现实支持而受到关注，适用于特定类型的项目。

综合而言，引擎的选择应该基于具体项目需求、团队经验和开发者个人喜好。

Unity适用于迅速开发和小型项目；Unreal Engine适用于需要高质量图形和深度定制的大型项目；CryEngine适用于追求高质量图形效果的开放世界游戏。

6.1.2 设计虚拟环境

设计虚拟环境是虚拟现实游戏和虚拟现实项目中至关重要的阶段，直接影响到用户的沉浸感和整体体验。在这一阶段，开发者需要精心构建虚拟环境，设计有趣的故事情节等，以创造出丰富多彩的虚拟体验。

6.1.2.1 环境设计

环境设计涵盖了虚拟环境中的地形、建筑、自然景观等元素。一个精心设计的虚拟环境可以使玩家身临其境，增强游戏或应用对用户的吸引力。这包括对地形的精细塑造，如山川河流、森林草地，以及对建筑物和结构的精心设计，以打造独特的风格。

6.1.2.2 视觉效果

在设计虚拟环境时，视觉效果是一个至关重要的方面。使用先进的图形技术，如实时全局光照、高动态光照渲染、精细的材质贴图等，可以提高虚拟环境的逼真感。颜色搭配、光影效果和特效也都是创造引人入胜的视觉效果的关键因素。

6.1.2.3 交互设计

虚拟环境的设计不仅仅涉及静态的环境，还需要考虑用户与虚拟环境的交互。这包括用户与虚拟物体的互动、虚拟人物的动作表现、虚拟环境中的导航设置。良好的交互设计可以提高用户的沉浸感和参与度。

6.1.2.4 音效设计

音效是设计虚拟环境时必不可少的元素。逼真的环境音效、角色对话、背景音乐等都可以增强用户对虚拟环境的感知。通过对音效的精心设计，开发者可以为用户创造出更加逼真的虚拟体验。

6.1.2.5 故事情节设计

虚拟环境的设计通常涉及整个故事情节的构建。一个引人入胜的故事情节可以为虚拟环境提供背景和线索，使用户更深入地融入到虚拟环境中。这包括角色设定、情节发展、虚拟人物与用户的互动等。

6.1.2.6 用户导向设计

最重要的是，虚拟环境的设计应该是用户导向的。了解目标用户的需求、喜好和习惯，以及为用户提供良好的体验，都是设计成功的虚拟环境的关键因素。用户导向设计可以使虚拟环境更符合用户的期望。

6.1.2.7 游戏关卡设计

游戏关卡设计是游戏开发中至关重要的环节之一，直接影响到玩家的游戏体验和参与度。精心设计的游戏关卡可以提供丰富多样的挑战，推动故事发展，同时保持游戏的趣味性和可玩性。

1．关卡目标和主题。

（1）明确目标。每个游戏关卡都应该有明确的目标，使玩家清楚自己要达到什么目标，这有助于引导玩家的游戏行为和思考。

（2）主题设计。为每个游戏关卡确定一个独特的主题，可以是环境、敌人类型或情节元素。

2．难度曲线。

难度曲线要平滑过渡。设计游戏关卡时要考虑到难度的逐渐上升，使得玩家在游戏过程中能够逐渐适应并勇于挑战。在游戏初期，关卡的设计旨在引导玩家熟悉游戏规则、操作。这些关卡通常相对简单，注重教育性质，帮助玩家掌握基本技能。随着玩家逐渐熟悉游戏，关卡的难度应逐渐提高，引入新的挑战和元素，涉及更复杂的任务、更多的敌人类型或更高级的谜题等，促使玩家不断提升游戏水平。另外，还要在游戏的某些关键节点设置高潮时刻，让玩家感受到成就感和紧张感。游戏结尾，关卡设计需要相对缓和，注重故事的收尾和增强玩家的满足感，尽可能包含最终的大战、情感上的高潮，以及对整个游戏经历的总结。

3．关卡布局和结构。

关卡布局和结构应采用开放性设计，即在游戏关卡中加入一些开放性设计的元素，让玩家有多种方式完成任务，增加游戏的自由度。

初始阶段的关卡应该通过视觉元素、道路设置或其他设计来引导玩家前进，并明确关卡的目标。开放性设计应该逐步展开，帮助玩家逐渐熟悉关卡环境和规则，并提供多个可选路径，鼓励玩家进行探索和选择。这可以增加游戏的回放价值，并给予玩家更多的自由感。开放性设计还可以用于隐藏奖励、秘密区域或额外挑战，激励玩家更深入地探索关卡。关卡设计应该有节奏变化，快节奏的动作和较慢的冥想时刻要交替出现，以避免玩家疲劳。在关卡中引入高潮时刻，如大战或紧张的场景，以增加玩家紧张感和刺激感。随着游戏进展，逐渐引入更强大的敌人、更复杂的谜题或更具挑战性的任务。关卡结构应该允许玩家在适当的时候回顾之前学到的技能，然后将其应用于新的挑战。关卡设计应该与游戏故事融为一体，通过环境、对话或事件来推动故事情节的发展。关卡设计应能引起玩家的情感共鸣，使其更深入地投入到游戏的故事情节中。关卡结构需要促进探索与挑战之间的有趣互动，创造更具深度的游戏体验。

4. 敌人和障碍物。

敌人应具有多样性，即在关卡中引入不同类型的敌人，各具特色和战术，使得玩家需要采用不同策略来对付不同敌人。在关卡中还应设计具有挑战性的障碍物，推动玩家在关卡中寻找解决方案。

5. 奖励系统和收集品。

奖励系统，即在关卡中设置奖励，如道具、技能点、解锁新内容，以激励玩家不断的探索和挑战。在关卡中需要设计一些隐藏的收集品，鼓励玩家深入关卡中探索，提升游戏的趣味性。

6. 叙事元素和剧情转折。

叙事元素，即将关卡融入整体游戏故事，通过关卡的进行推动故事情节的发展，增强玩家的参与感。在关卡中设置一些令人惊喜的剧情转折，让玩家更深入地沉浸在游戏世界中。

7. 音效和背景音乐。

使用音效来营造关卡的氛围，包括环境音、敌人声音、与关卡主题相关的音效，再配置恰当的背景音乐，可以增强玩家闯关时的紧张感。

8. 反馈机制和失败处理机制。

反馈机制，即在关卡中设置即时的反馈机制，让玩家清楚地了解自己的操作行为所带来的后果，强化参与感。考虑到玩家可能失败的情况，设计合理的失败处理机制，以保持玩家对游戏的兴趣。

9. 迭代优化。

迭代优化，即进行用户测试，收集玩家的反馈，根据玩家实际体验的反馈进行关卡的迭代优化。

6.1.2.8 三维模型与纹理制作

在游戏开发和虚拟现实项目中，“三维模型与纹理制作”是一个关键的创作领域。设计师和艺术家致力于创造逼真的角色、引人入胜的三维场景。三维模型是虚拟环境的基础构建单元，而纹理制作为三维模型赋予了外观、质感和细节。一些专门为虚拟现实设计的三维建模工具，如Gravity Sketch、Tilt Brush等，都可以在虚拟环境中直接进行建模。此外，一些传统的三维建模软件，如Blender、Maya和3Ds Max等软件，也为虚拟现实技术的开发提供了支持，设计师用这些软件塑造出各种物体，包括角色、场景元素和道具。同时，纹理绘制和贴图工作至关重要，通过纹理制作，三维模型可以呈现出各种表面特征，如金属光泽、细腻的皮肤、木纹等，增加虚拟环境的真实感。下面内容的学习旨在使读者能够掌握三维建模和纹理制作的技能，能够精准地创造项目中所需的视觉效果，从而创造出更真实的虚拟环境。

1. 用Blender建模。

Blender是开源免费的软件，支持Windows、Mac和Linux系统，其制作流程可分三个阶段：建模阶段、动画阶段、渲染阶段。

（1）建模阶段。

在建模阶段用“Shift+A”快捷键新建一个物体，新建物体之后，左下角会有一个物体的详细设置，可在此对这个物体进行调整。若后期还需要调整，则只能再新建一个物体。切换各类视角操作如表6-1所示。

表6-1 切换各类视角操作

切换视角操作	实现的功能
鼠标中键滚动	缩放视角
鼠标中键按住拖动	旋转视角
Shift+鼠标中键按住拖动	平移视角
Alt+鼠标中键按住拖动	快速切换各个正交视图
~	快速切换视角菜单

注：按住“~”键之后不松开，把鼠标指向想切换的视角按钮上，然后松开“~”键，即可完成切换。这样可以减少一次鼠标的点击。

物体操作如表6-2所示。

表6-2 物体操作

快捷键	作用	快捷键	作用
G+（x、y、z）	物体平移 （x，y，z轴）	A	全选所有物体
R+（x、y、z）	物体旋转 （x，y，z轴）	X	删除物体
S+（x、y、z）	物体缩放 （x，y，z轴）	Shift+D+（x、y、z）	快速复制物体 （x，y，z轴）

注：按下“S”键再按“2”，即物体的长宽高都放大成2倍。

Blender建模的具体过程如下：

首先是启动Blender软件。创建一个新的场景或打开一个已有的项目文件，选择一个合适的3D视图（如透视视图、正交视图等），以便更好地观察和操作模型。其次是运用各种工具。在物体模式下，使用“添加”（Add）菜单来选择并添加一个基础形状，如立方体、球体、圆柱体等。这些基础形状将作为建模的起点。使用移动（G键）、旋转（R键）和缩放（S键）工具来调整基础形状的位置和大小，以适应建模需求。点击“Tab”键进入编辑模式，此时可以对模型的顶点、边和面进行编辑。在编辑模式下，使用选择工具（如点选择、边选择、面选择）来选择需要编辑的部分。使用移动、旋转和缩放等工具对选定的部分进行编辑，可以塑造出所需的形状。利用切割（K键）、挤压（E键）等工具进行更复杂的编辑操作，如切割面、挤压出新形状等。应用修饰器可以增加模型的复杂性和细节，如细分曲面、布尔运算等。在细节优化过程中，通过添加循环边来增强模型的几何结构，使模型更加平滑和精细。对模型进行平滑着色处理，使其表面看起来更加自然和流畅。在材质编辑器中创建新的材质，并为其设置颜色、纹理、光泽度等属性。最后是渲染和导出。在渲染设置中调整光照、相机视角、渲染引擎等参数，以获得所需的渲染效果。点击渲染按钮开始渲染模型，并查看渲染结果。将渲染好的模型导出为所需的文件格式（如OBJ、FBX等），以便在其他软件中使用或进行后期处理。

①文本操作。按下“Tab”键进入编辑模式，再按一次则返回上一个模式。

②编辑模式。右击物体选择细分操作，通过细分可以按照两个顶点中间生成新顶点的方式，让物体有更多的顶点，这样物体会有更多操作的可能性。

③属性编辑器。既可以利用物体属性来调整物体的位置（如旋转和缩放），也可

以利用这些属性来制作动画。属性编辑器界面如图6–1所示。另外，通过法向的设置可以让物体的平滑着色更合理。

图6–1　属性编辑器界面

绝大部分修改器，都是在保证不改变原物体形状的前提下确保效果的。

①阵列修改器，既可以依据某个物体，按某个特定偏移距离批量创建物体副本，也可以叠加两个阵列修改器来生成矩阵。

②倒角修改器，可以给物体生成圆润的边缘。

③线框修改器，可以让物体变成线框。

（2）动画阶段。

首先，时间轴的按钮如图6–2所示。

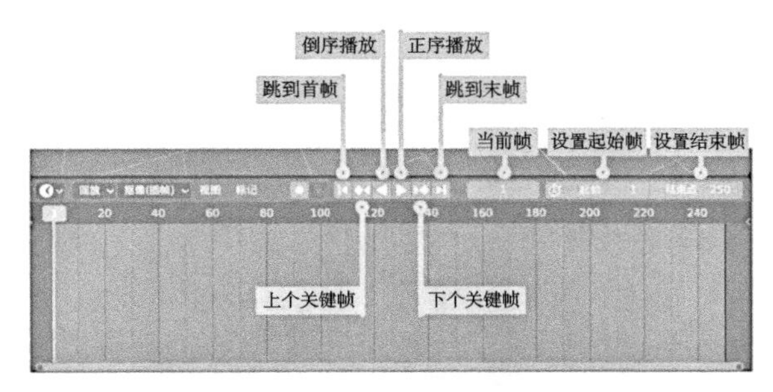

按 SPACE 键可以播放动画

图6–2　时间轴界面图

用户在时间轴上右击鼠标选择“属性参数”，根据自己的需要选择插入关键帧或者单项关键帧。插入关键帧和插入单项关键帧的区别在于是插入单个参数还是插入一组参数。

其次，物理属性是属性编辑器下的一个功能。例如“布料”工具是把物体变成布一样的材质，配合“碰撞”工具可以做出一块布砸在某些物体上的动画。材质阶段进入渲染预览的操作界面如图6–3所示。

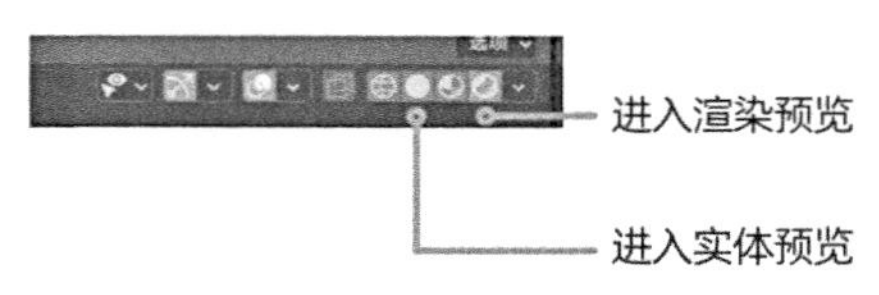

图6–3　渲染预览界面

最后，在渲染环节中，虽然通过Cycles引擎处理的光影细节会更好，但渲染时间是Eevee引擎的几倍。另外，通过着色编辑器处理物体的材质，实际上是以节点数模式来控制物体的材质。

（3）渲染阶段。

首先，打开相机。进入相机视图，点击右侧的“摄像机”按钮，可切换相机视角，如图6–4所示。

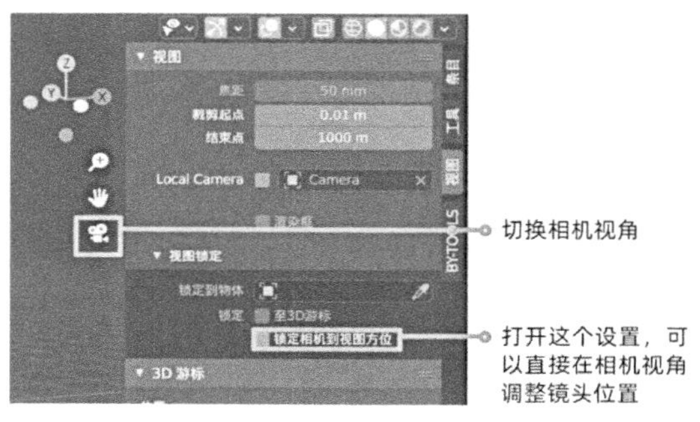

图6–4　相机视图

其次，设置输出格式。输出视频或图像前，必须设置好格式，如图6–5所示。

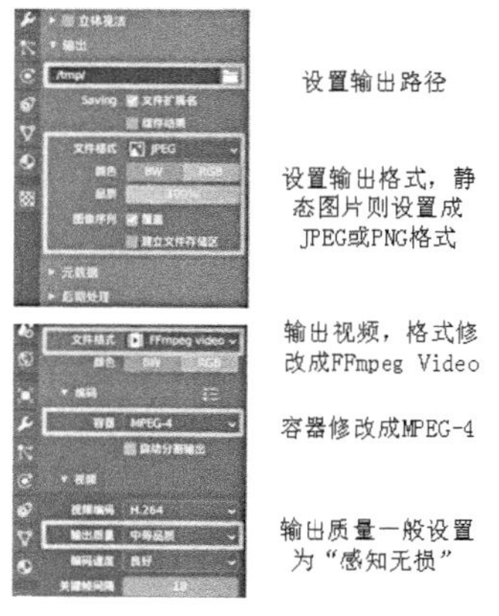

图6–5　输出格式设置

最后，设置材质、灯光、颜色、纹理、光泽度等属性。将创建好的材质应用到模型上，以增强视觉效果。放好相机后，就可以在菜单栏选择“渲染”来渲染图片或者视频。

2. 用3Ds Max软件建模。

在3Ds Max软件中，用户可以使用以下几种方法进行创建几何体模型。

（1）内置几何体建模。几何建模界面如图6-6所示。

内置几何体建模在Blender中是一个基础且强大的功能，允许用户通过简单的操作快速创建出各种基础的三维形状，如立方体、球体、圆柱体等。这些内置几何体作为建模的起点，用户可以通过调整其大小、位置、旋转等属性，以及使用Blender提供的各种编辑工具，如挤出、细分、切割等，来逐步塑造出复杂的模型。内置几何体建模是Blender建模流程中的重要一环，为后续的材质添加、纹理贴图、动画制作等步骤提供了坚实的基础。通过熟练掌握内置几何体的创建和编辑技巧，用户可以更加高效地完成三维建模工作。

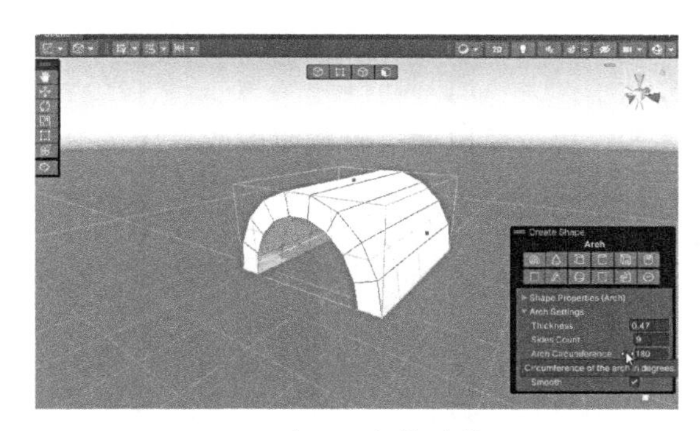

图6-6　内置几何体建模界面

（2）复合对象建模。

①分散布局。在预设的区域内，将物体的多个复制品进行均匀的分散布置。

②融合拼接。两个带有开放面的物体，通过开放面或空洞相互连接，进而形成一个全新的结构体。

③纹理映射。采用二维图形并将其映射到三维对象的表面，实现图形与对象的融合或切割效果。常用于文字镂空、图案装饰和立体浮雕等创意设计。

④集合运算。针对两个或更多的对象，执行交集、并集或差集的数学操作，以得到全新的对象形态。

⑤剖面塑形。选定一个二维图形作为沿特定路径的剖面，进而塑造出复杂的三维

模型。在这条路径的不同部分，可以灵活选择和应用不同的剖面形状。

（3）二维图形建模。

二维图形是由一条或多条样条线组成的对象，既可以作为几何体直接渲染输出，也可以通过挤出、旋转、倾斜等编辑修改，将二维图形转化为三维图形。

（4）曲线建模。

曲线建模技术因高度的可塑性和灵活性，广泛应用于塑造复杂模型的外观轮廓或不规则物体的切面形状。此外，曲线建模技术还可直接用于生成文字模型，为设计带来更多可能性。

（5）多边形建模。

任何图形的基本构成都离不开点、线和面。而多边形建模正是通过可编辑的多边形修改工具来实现建模的，这一方法近年来备受青睐。3Ds Max软件通过调整顶点、面和边的位置来构建模型，尤其适合处理结构错综复杂的设计。然而，随着多边形面数的增加，3Ds Max软件对系统资源的需求也会相应提高。这可能会导致系统运行不流畅或出现卡顿现象。

在创建基本几何体后，用户可以通过参数面板或直接在视口中调整几何体的尺寸和位置。这有助于用户创建想要的基本形状。切换到编辑模式，用户可以通过选择多边形、边和顶点进行编辑，还可以移动、旋转、缩放物体，或者进行更复杂的编辑操作，如切割、合并、倒角等。3Ds Max软件提供了各种编辑工具，用于在编辑模式下进行准确的变换。通过使用这些工具，用户可以调整模型的形状和结构，为模型应用材质和纹理，提高模型的外观。此外，用户还可以使用3Ds Max软件的材质编辑器来调整颜色、反射率、透明度等属性，以及利用视图中的实时预览功能，随时查看模型在渲染时的外观。这有助于用户调整和优化模型，确保在渲染时呈现出期望的效果。完成建模后，用户可以导出模型，并转换为其他文件格式，如OBJ或FBX，以便在其他软件中使用。同时，用户可以使用3Ds Max软件的渲染功能为模型创建高质量的图像或动画。

3．用Maya建模。

Maya建模的模型定位框架图如图6–7所示。

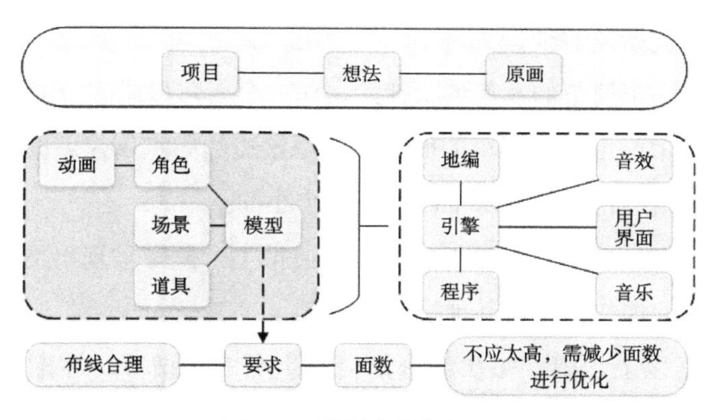

图6-7　模型定位框架图

（1）多边形建模。

多边形（Polygon）建模在计算机图形学中具有广泛的应用，主要优势体现在逼真性和实时渲染功能，这使多边形建模成为创建逼真图形的有效工具。多边形建模具有较好的交互性，方便用户实时编辑和调整模型，适用于需要快速渲染的场景，如电子游戏和虚拟现实应用。然而，随之而来的问题包括边缘锯齿和曲面的失真，尤其在处理复杂模型时，管理的复杂性和文件大小都成为关键问题。虽然多边形建模技术学得快，做得快，且成本低，但是粗糙、不精致。

（2）曲面建模。

曲面建模（nurbs）作为一种高级的建模技术，以能够更精确地表示曲面形状的而备受推崇。曲面建模能够提供光滑且精细的曲面，特别适用于需要高度曲率和精度的设计领域，如汽车和航空航天领域。曲面建模的主要优势之一是避免了多边形建模中可能出现的边缘锯齿和曲面失真问题，为模型提供更加真实和自然的外观。然而，曲面建模在实时渲染和交互时相对较慢，因为复杂的曲面需要更多的计算资源。此外，对一些简单的几何形状，曲面建模可能过于复杂，导致不必要的计算和存储成本。曲面建模的优点是精致，缺点是学得慢、做得慢。因此，在选择建模方法时，用户需要根据具体需求和应用场景综合权衡，如曲面建模的精确性和计算成本等。

（3）多边形高级细分体建模。

多边形高级细分体（subdiv）建模，实质就是在多边形建模的基础上，利用细分（subdivision）算法（一种逼近）算出圆滑的模型。

细分算法是一种用于生成更高细节级别的几何模型的技术。细分算法是通过逐步细分原始网格，生成新的顶点和连接这些顶点的面，从而创建出更加复杂和光滑的曲面。

细分算法通常包括以下步骤：

①初始化。从一个简单的几何形状开始，如一个三角形或四边形网格。

②细分。将每个面细分为更小的面，并在原始边的中点创建新的顶点。这一步骤可以根据特定的规则进行，如将每个面分成四个小面。

③平滑。通过调整新创建的顶点的位置，使得整个模型呈现出更加平滑的外观。这通常涉及对顶点的加权平均或其他插值技术。

④重复。重复以上步骤，每次细分都会产生更多的细节，逐渐逼近所需的曲面形状。

⑤卡线。卡线是低模转化为高模的一个过程，其实质是用增加的线去保护结构边。

有结构的地方就一定有线。例如，极点（五星，一般是结构点）一般放在平面上，不放在结构线上；倒角不能太小。通过这种方式，用户可以用很少的线做出很好的效果。只要看上去是对的（计算机图形学里面说如果它看上去是对的，它就是对的）且系统能够运行，就无所谓面数的多少（指高模）。

多边形高级细分体作为一种建模技术，主要优势在于能够生成细致光滑的曲面，且在图形渲染中表现出色。这种方法通过逐步细分原始网格，产生更多细分级别的拓扑结构，为用户提供了更灵活、自由的创作空间，尤其适用于高度细节和真实感的设计领域。多边形高级细分体的计算复杂性较高，在处理大规模场景时容易出现性能瓶颈，尤其是在实时交互和渲染的情况下。因此，在使用多边形高级细分体建模时，用户需要谨慎权衡其细节表现和计算效率，以满足具体项目的需求。

4. Maya建模常见的动画类型。

（1）关键帧动画。通过“属性编辑器”（Attribute Editor）可以编辑和设定关键帧（设置动画）的属性。在“属性编辑器”中，用户通过在属性上单击鼠标右键，然后从弹出菜单中选择“设定关键帧”（Set Key），可设定关键帧。关键帧的具体操作包括删除关键帧、缩放关键帧、捕捉关键帧、烘焙关键帧、禁用关键帧。同时，用户还可以在“曲线图编辑器”（Graph Editor）中调节动画曲线并进行编辑。

（2）路径动画。路径动画可以设置沿路径更改对象的运动、形状、方向、速度或对齐等状态。

（3）变形器动画。变形器动画是将变形器用作动画工具。用户可以创建变形器，用变形器调整目标对象，随时间变化可为变形器的属性设定关键帧，以生成动画。例如，可以为面的模型创建融合形变变形器。随着时间的推移，用户可以操作并在“形变编辑器”中为融合形变变形器的目标、形状、权重设置关键帧，从而创建面部动画。用户可以在融合形变变形器的任何可设置关键帧属性（或通道）上设置关键帧。例如，用户可以在通道盒（Channel Box）、时间滑块（Time Slider）、曲线图编辑器（Graph Editor）、摄影表（Dope Sheet）中设置关键帧，还可以使用Maya嵌入式语言（MEL™）命令设置关键帧。

（4）运动捕捉动画。运动捕捉动画是指在Maya中使用运动捕捉（或“mocap”）系统创建动画。运动捕捉可用于生成大量复杂的运动数据，这些运动数据可用于为角色设定动画。

6.1.2.9　虚拟现实应用用户体验设计原则

在虚拟现实应用开发中，用户体验设计是至关重要的，因为这直接影响用户在虚拟环境中的感知和参与度。虚拟现实应用用户体验设计的原则主要有以下十点：

1. 沉浸感与真实感。

开发者应当为用户创造具有高度沉浸感和真实感的虚拟环境，使用户在虚拟环境中感到身临其境。这包括逼真的图形、生动的音效和具体的物理交互等。

2. 自然而直观的交互。

开发者应采用自然手势、头部追踪和眼动追踪等技术，使用户感到他们与虚拟环境的交互是自然又直观的。

3. 舒适性和防晕感。

用户的舒适性是关键。开发者应采用流畅的移动方式，减少晕感的可能性。此外，开发者还要避免使用过于激烈的动画和不自然的场景切换方式。

4. 用户导向设计。

考虑用户的需求和期望，以确保设计是用户导向的。开发者要提供足够的自定义选项，以适应不同用户的喜好和需求。

5. 信息传达与引导。

在虚拟环境中，清晰而准确地向用户传达信息是至关重要的。例如，采用直观的指引和显著的标志，以帮助用户导航和理解虚拟环境中的元素。

6. 多感官体验。

开发者应充分利用虚拟现实技术，从视觉、听觉和触觉等多个感官上给予用户反馈，为用户创造更为综合和丰富的体验。

7. 性能优化。

开发者应保持虚拟现实应用的高性能，以确保用户的流畅体验，以及应避免图形卡顿或延迟，以减少用户的厌烦感。

8. 社交性与协同体验。

开发者应创造支持多用户协同的虚拟环境，以增强社交性和共享体验性。这对虚拟会议、虚拟团队合作等场景尤为重要。

9. 安全性和隐私。

考虑用户的安全和隐私，特别是在需要获取个人信息或进行追踪的场景中，开发者要提供清晰的隐私政策说明和用户控制选项。

10. 可访问性。

开发者应确保虚拟现实应用体验对不同能力和需求的用户都具有可访问性，提供调整设置和交互方式的选项，以适应不同用户群体。

6.1.3 虚拟现实游戏开发面临的挑战

虚拟现实游戏对硬件性能要求极高，包括图形渲染、帧率和响应时间等方面。开发者需要充分优化游戏，同时应对硬件限制，确保游戏在各种虚拟现实设备上都能流畅操作。

很多用户在使用虚拟现实设备时可能会经历晕动的不适情况，这与虚拟环境和真实世界的运动不一致有关。游戏设计时需要考虑采用舒适的移动方式，减少旋转和快速移动等元素，以减轻用户的不适感。传统的用户界面和交互设计在虚拟现实环境下可能不再适用。开发者需要重新思考如何在三维空间中设计用户友好的界面和交互方式，以确保用户能够轻松直观地与虚拟环境互动。

制作高质量的虚拟现实内容是一项复杂的任务，包括场景设计、角色动画、声音效果等。开发者需要深入理解虚拟现实技术特有的创作工作流程，并投入更多的时间和资源来创建令人舒适的虚拟体验。

虚拟现实应用涉及多种头戴式显示器和平台，如Oculus Rift、HTC Vive、PlayStation VR等，这确保了游戏在不同平台上的兼容性成为一项挑战。开发者需要在不同设备上对虚拟现实游戏进行广泛的测试和优化。虚拟现实游戏开发通常需要更多的资金和人力资源。因为与传统游戏相比，虚拟现实游戏的开发周期较长，技术难度也较大。开发者需要谨慎管理项目的成本和资源，确保能够按时交付高质量的成果。

虽然虚拟现实市场在不断增长，但其用户基数相对较小。开发者需要考虑市场容量，确保投资能够得到回报，并寻找新的营销策略来吸引更多的用户。虚拟现实游戏开发可能涉及用户的敏感信息，开发者需要遵循各国各地相关法律法规的要求，并采取适当的措施来保护用户隐私。

6.1.4 虚拟现实游戏开发场景搭建

三维场景搭建界面如图6–8所示。

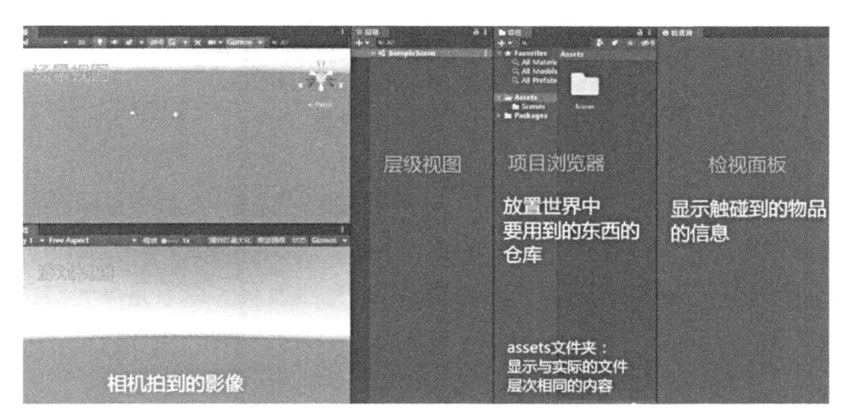

图6–8 三维场景搭建界面

6.1.4.1 左手坐标轴

*x*轴正方向代表右，*y*轴正方向代表上，*z*轴正方向代表里，如图6–9所示。

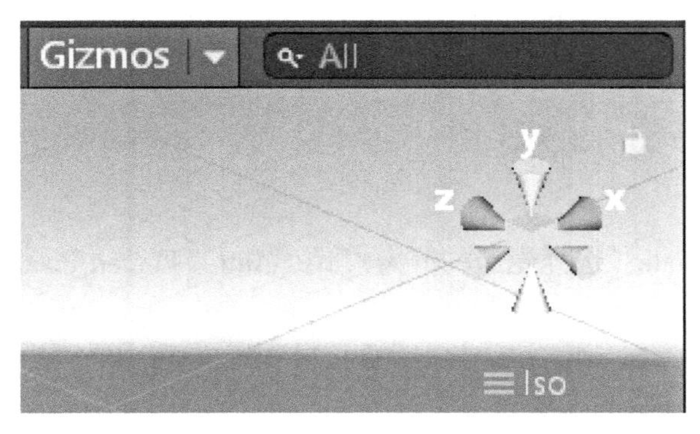

图6–9 左手坐标轴

6.1.4.2 设置光场景

按层级→灯光→聚光灯，即可搭建光场景，如图6-10所示。具体流程如下：先新建一个场景（File→New Scene），打开层级（Hierarchy）面板，在层级面板中，右键点击空白区域，选择Light→Spotlight来创建一个新的聚光灯。

图6-10 光场景搭建

在场景中放置一个聚光灯对象，并在Inspector面板中显示其属性（在较新版本的Unity中，可能需要通过GameObject→Light→Spotlight来添加聚光灯）。在Inspector面板中，可以为聚光灯配置各种属性，以创建所需的光照效果。以下是聚光灯的一些关键属性：

（1）Type：确保类型为Spotlight。

（2）Color：设置光的颜色。

（3）Intensity：调整光的强度。

（4）Spot Angle：设置聚光灯的光锥角度，决定光的照射范围。

（5）Range：设置光的照射距离。

（6）Shadows：配置阴影类型（None、Hard Shadows、Soft Shadows），以及阴影的分辨率和质量。

（7）Cookie：可以为聚光灯添加一个纹理，以模拟通过特定形状（如窗户）投射的光。

（8）Render Mode：选择光照的渲染模式（Auto、Forced Pixel、Forced Vertex），这会影响光照的性能和外观。

在Scene视图中，使用移动工具（通常默认为“W”键）来拖动聚光灯到所需的位置。使用旋转工具（通常默认为“E”键）来调整聚光灯的方向，以便照射到想要照亮的场景部分。按“Ctrl+G”组合键或点击编辑器界面顶部的Game标签来切换到Game

视图。这样可以看到场景在运行时的实际光照效果。根据Game视图中的效果，返回Inspector面板并调整聚光灯的属性，直至达到满意的光照效果。

6.1.4.3 设置地场景

按游戏对象→3D对象→地形，找到Hierarchy，再双击“Terrain俯瞰”，通过右侧检查器修改或移动物体坐标轴。地场景设置如图6-11所示。

图6-11 设置地场景

6.1.4.4 设置山谷场景

按属性编辑器→Terrain，设置山谷场景，如图6-12所示。图中的一排五个按键可用来绘制编辑地形，点击后有相应的操作信息简介。需要注意的是，不同的版本会有所区别。具体设置流程如下：在Hierarchy面板中，右键点击空白区域，选择3D Object→Terrain来创建一个新的地形对象。这会在场景中放置一个默认的地形，并在Inspector面板中显示其属性。在Hierarchy面板中，点击刚刚创建的Terrain对象，这样它的Inspector面板就会显示Terrain组件和相关属性。在Terrain组件中，可以通过调整Terrain Data下的Size属性来改变地形的大小。在Inspector面板的Terrain工具部分（通常显示为一排按钮），找到并选择一个绘制工具，如Raise/Lower Terrain（提升/降低地形）。这个工具允许用户通过刷子的方式增加或减少地形的高度。在选择了工具后，调整Brush Size（刷子大小）、Opacity（不透明度）和Strength（强度）等属性，以便根据需要调整地形的形状。使用Raise/Lower Terrain工具，在地形上绘制一个较低的区域来创建山谷的底部。用户可以通过多次点击并拖动鼠标来加深和扩大山谷。如果用户想在山谷两侧创建峭壁或斜坡，可以使用Smooth Height工具来平滑过渡区域，或者使用Flatten工具来创建更直的边界。在Terrain组件中，还可以为地形添加不同的纹理（如草地、岩石、雪地等），以增加地形的真实感。这通常在Paint Texture标签下完成。Unity的Terrain系统还允许通过Paint Trees和Paint Details功能在地形上添加树木、草丛等植被。在完成山谷的基本形状和细节后，可以在Scene视图中移动和旋转相机来查看不同角度下的山谷效果。最后的形成山谷场景，如图6-13所示。

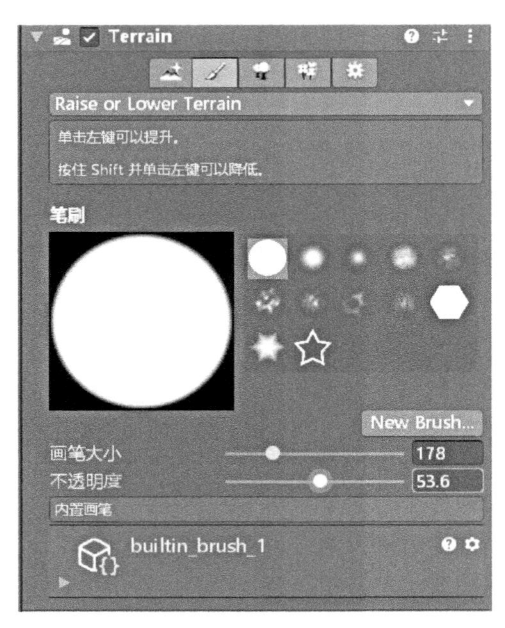

图6-12　设置山谷场景

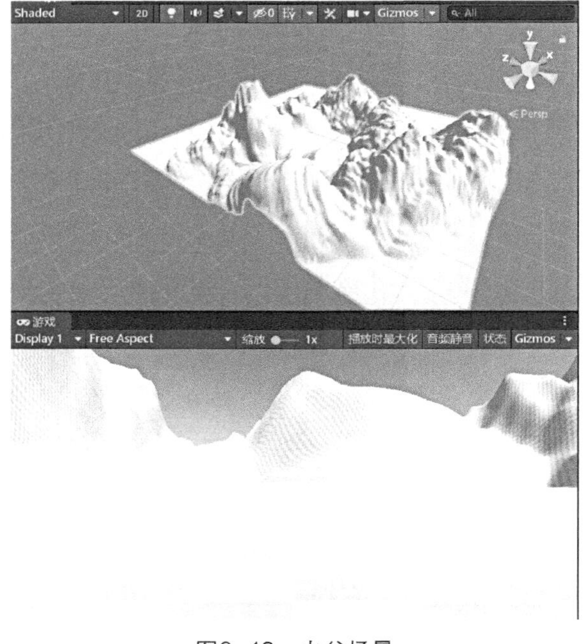

图6-13　山谷场景

6.1.4.5 设置树木

在设置完地形的高度（即创建山谷场景）之后，用户可以通过添加树木来进一步丰富地形的细节。树场景设置如图6-14所示。在Terrain窗口中用户可自行添加树木；点击“Paint Trees”旁边的“Edit Trees”按钮，打开一个树木编辑窗口，在树木编辑窗口中，用户可以通过点击“Add Tree”来添加树木预制体到地形中。选择想要的树木预制体，并设置其属性（如密度、高度等）。设置好属性后，用户可以使用Terrain工具中的“Paint Trees”画笔在地形上绘制树木，还可以通过调整画笔的大小和强度来控制树木的种植范围和密度。在Unity的Terrain编辑模式下，使用“Paint Trees”画笔，并调整其属性为“Erase”（擦除）模式。这样，当用户用画笔在地形上绘制时，就会删除该区域的树木。按“Shift+鼠标左键”也可删除树木。虽然Unity中的树木默认是静态的，但用户可以通过添加脚本或使用特定的插件来使树木具有动态效果。一种常见的方法是使用Shader来模拟树木的动态效果。用户可以为树木材质应用一个包含动态效果的Shader，这样树木就会根据风向和风速等参数来摆动。另外，还有一些Unity插件（如Tree Creator、SpeedTree等）提供了更高级的树木动态效果，包括树叶的飘落、树木的摇曳等。

图6-14 设置树场景

如果用户想添加的树木较多，那么可以通过点击“大量放置树”按钮来添加更多的树，如图6-15所示。

图6-15 添加很多树

6.1.4.6 设置湖泊

在Unity中，用户还可以设置一个基本的湖泊，并将其与地形和其他游戏元素相结合，创造出自然、逼真的游戏环境。在Unity的Hierarchy面板中，右键点击选择“GameObject→3D Object→Plane”。这将创建一个新的平面对象，用作湖泊的基础，将新创建的平面对象命名为更具描述性的名称，如“LakePlane”。选中“LakePlane”对象，在Inspector面板中，可以看到Transform组件，通过调整其Position的y值（对z轴向上的Unity坐标系统），可以改变湖泊的高度。同时，通过调整Scale的x和z值，可以控制湖泊在水平面上的范围大小。注意，保持y轴的Scale为1，以免影响湖泊的垂直尺寸。湖泊设置如图6-16所示。

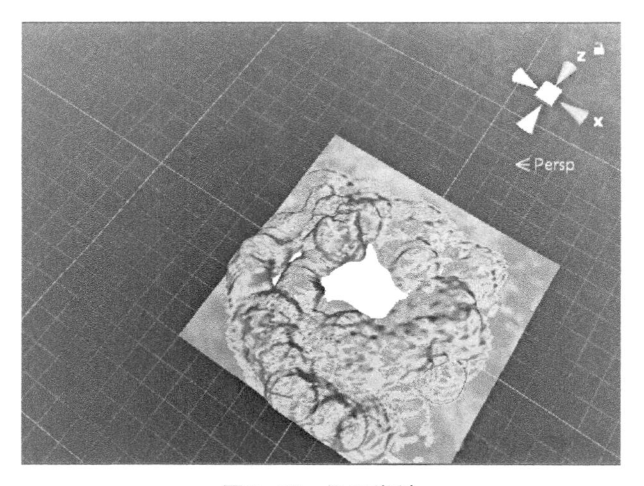

图6-16 设置湖泊

6.1.4.7 材料设计

为湖泊创建材质，添加材料设计界面如图6-17所示，用户可自行叠加材料设计。具体流程如下：在Project面板中，右键点击选择“Create→Material”。命名这个新材质为“WaterAdv”，然后双击打开，进行编辑。在材质的Inspector面板中，找到Shader属性，并选择一个适合水体的Shader，还可以为材质添加纹理（Texture），以增强水体的视觉效果，如波浪、反射等。将“WaterAdv”材质拖到“LakePlane”对象的Inspector面板中的Mesh Renderer组件的Material槽中。这样操作湖泊就会使用刚设置的材质来渲染。另外，用户还可以根据需要在湖泊的Inspector面板中调整其他属性，如颜色、透明度、接收阴影等，以打造理想的视觉效果。

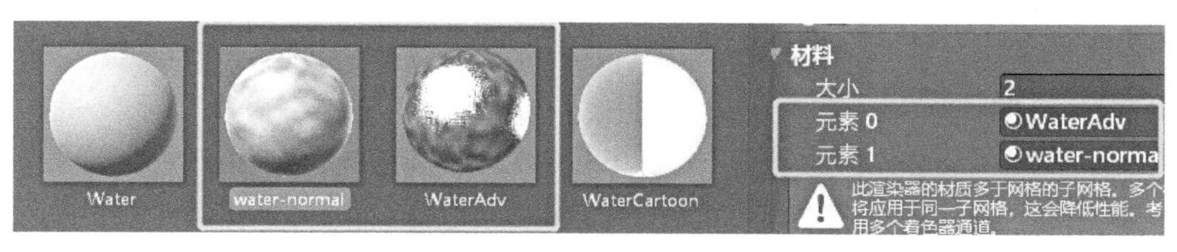

图6-17　材料设计界面

6.2 虚拟培训

6.2.1　虚拟培训的行业应用

虚拟培训在不同行业中得到了广泛的应用，为培训和教育提供了全新的方式。例如，在医学领域，医学专业人员可以通过虚拟手术模拟进行实践，以及可以在虚拟环境中接受紧急情况培训，提高应对复杂病例的能力。这种虚拟培训方式不仅可以提高受训人员的操作技能，降低培训成本，而且能减少对真实设备的依赖。在制造业中，虚拟培训用于操作工人的培训，包括设备操作、生产流程和安全培训。通过虚拟培训，工人可以事先熟悉设备，减少操作错误和事故的发生。在零售和服务行业，虚拟培训被用于提高营销人员的销售技能、与客户沟通技能。员工可以在虚拟环境中模拟各种情境，提高应对客户各种需求的能力。在危险环境中，如化工、核能等行业，虚拟培训可用于安全意识培训。员工可以在虚拟环境中学习正确的应对方式，降低事故风险。虚拟培训不仅在职业领域中得到应用，而且在学术研究和教育中也被使用。读者通过虚拟实验室进行实践，可以增强对抽象概念的理解。

6.2.1.1　医学领域的虚拟手术培训

虚拟手术培训是利用虚拟现实技术为医学专业人员提供仿真的手术体验，旨在提高医学专业人员的手术技能、决策能力和团队协作水平。这一创新性的培训方法已经在医学教育和手术培训中取得显著成果。

1. 实时模拟手术场景。

虚拟手术培训为医学专业人员提供高度真实的实时模拟，如人体器官模型、手术仿真工具。这种实时模拟使医学专业人员能够在虚拟环境中进行仿真手术，并实时调整策略。

2．学习解剖学。

虚拟手术培训通过高度还原的三维生物体模型，使医学专业人员能够深入了解人体结构。这有助于加深医学专业人员对解剖学知识的理解，为实际手术做好充分准备。

3．提升手术操作技能。

医学专业人员可以在虚拟手术环境中进行模拟操作，如缝合、器官切割等。这有助于提高医学专业人员的手术技能，让医学专业人员能够更加熟练地应对各种复杂的手术情境。

4．模拟意外突发情况。

虚拟手术培训能够模拟手术中的意外情况和并发症，如大出血、器官损伤等。医学专业人员可以在虚拟环境中学习如何迅速而有效地处理这些意外情况和并发症，提高应对突发状况的能力。

5．培养团队协作能力。

在虚拟手术培训中，医学专业人员可以模拟团队手术环境，与其他医生、护士和技术人员进行协作。这有助于培养医学专业人员的团队协作精神和高效沟通能力，提高手术团队的整体效能。

6．提供实时反馈和评估。

虚拟手术培训系统可以提供实时反馈和评估，这样医学专业人员能够即时了解自己手术技能的强项和改进点。这种个性化的学习经验有助于定制培训计划，满足不同医学专业人员的需求。

总之，虚拟手术培训不仅为医学专业人员提供了更安全、高效的学习手段，同时也为医学教育的发展带来了重大变革。通过整合先进的虚拟现实技术，医学领域能够培养出更具专业素养的医学专业人才，提升整个医疗体系的质量和医疗水平。

6.2.1.2　制造业中的虚拟工艺培训

虚拟现实技术能够精确模拟制造流程中的各个步骤，包括设备操作、原材料处理和产品组装等。员工可以在虚拟环境中进行实际操作的模拟，提前熟悉生产过程。制造业中的虚拟工艺培训可以通过虚拟现实技术培养员工的设备操作技能。在虚拟环境中，员工可以与各种设备互动，学习设备正确的操作方法，提高设备操作的效率和准确性。制造业中往往伴随着一系列安全风险，虚拟工艺培训可以模拟危险情况，使员工树立安全意识，提高员工的应对能力，这有助于减少事故发生的可能性。虚拟工艺培训还可以用于模拟生产流程的不同方案。员工可以在虚拟环境中测试不同的操作顺序和方法，以找到最有效的生产方式。通过虚拟工艺培训，员工可以学习质量控制的方法和产品检测的技巧，有助于提高产品质量，降低次品率。制造业的生产通常需要团队的协同工作，虚拟工艺培训可以模拟团队协作场景，培养员工的团队协作精神，提高整个生产团队的效率。制造业通常涉及多个地点的生产线，虚拟工艺培训可以通过远程方式进行，员工无需亲临现场，便能够在虚拟环境中接受培训。虚拟工艺培训还能提供实时反馈和评估，员工可以即时了解自己的表现，并根据反馈及时调整和改进自己的不足之处。

6.2.2 虚拟培训模块的设计

6.2.2.1 定制化虚拟培训模块设计

定制化虚拟培训模块的设计旨在打造一种沉浸式学习体验，通过结合虚拟现实技术和个性化培训需求，为学员提供高度贴合实际场景的培训方案。在定制化虚拟培训模块的过程中，第一个重要考量是要深入了解培训目标和学员的具体需求，才能确保定制化虚拟培训模块精准地满足学员的学习期望。设计中还要注意个性化学习路径，充分考虑学员的不同需求和学习风格。通过多媒体元素的巧妙运用，包括图像、视频、虚拟实验等，以提高学员的学习兴趣和学习效果。此外，技术兼容性是定制化虚拟培训模块的第二个重要考量，确保学员可以在不同设备上进行学习，并保持一致的学习体验。实时评估和反馈机制被嵌入设计中，以确保学员能够清晰地了解自己的学习进度，通过及时的反馈解决理解上的任何困惑。

定制化虚拟培训模块设计的第三个重要考量是搭建真实且具挑战性的学习环境。开发者将利用虚拟现实技术创建精细逼真的虚拟环境，仿照实际工作场所或特定任务的情境。这些虚拟环境不仅为学员提供了实践机会，还能培养学员应对复杂工作场景的能力。

互动元素的整合是定制化虚拟培训模块设计的第四个重要考量。通过引入虚拟实验、模拟情境和实时反馈机制，促进学员的积极参与和深度学习，使学员能够在虚拟环境中与场景互动，更好地理解和掌握培训内容。

定制化虚拟培训模块的设计使得每位学员都能按照自己的需求和风格进行学习。通过技术创新，结合最新的虚拟现实技术，如手势识别和立体声音等，提高学员虚拟体验的真实感和沉浸感，为学员创造更加逼真的学习环境。

实时评估和反馈机制的整合有助于学员即时了解自己在虚拟环境中的表现，从而及时调整学习策略。通过可视化数据分析工具，培训团队能够监测学员的进展并提供更有针对性的培训方案。

无论是技术培训，还是定期的更新和维护都是确保定制化虚拟培训模块持续有效的重要环节。通过全方位的设计理念，定制化虚拟培训模块旨在为学员提供更深刻、实用、创新性的学习经验，以满足特定领域和不同行业的培训需求。

6.2.2.2 虚拟培训模块实时反馈机制与学习分析

虚拟培训模块实时反馈机制与学习分析是在虚拟现实环境中为学员提供即时信息和深度学习分析的关键元素。这一功能的设计旨在优化学习体验，使学员能够及时地理解和改进他们在虚拟环境中的表现。

实时反馈机制通过虚拟环境中的互动元素，如虚拟实验、模拟情境中的任务完成情况等，向学员提供即时信息。这种实时反馈包括正确执行任务的信息、操作技能的建议及学习目标的达成情况。通过实时反馈，学员能够及时了解自己在虚拟环境中的表现，从而更好地调整学习策略，纠正错误，提高学习效果。

学习分析是在学习结束后对学员的表现进行更深入的评估和分析。通过虚拟现实应用中的数据采集和分析工具，可以对学员在虚拟环境中的行为、决策和反应进行详细的记录，包括学员的操作流程、花费时间、错误模式等。通过对这些数据的分析，培训团队能够更全面地了解学员的学习过程，发现学员在学习中的难点和改进空间。

根据学员的即时表现，系统能够提供个性化的反馈和建议，并根据学员的学习风格、强项和弱项进行调整，为学员提供更有针对性的培训方案。利用学习分析的数据，系统能够生成智能导学路径。培训团队根据学员的学习历程调整培训内容，以确保学员在个性化的学习上取得最佳效果。

这种实时反馈机制和学习分析的结合，使得培训团队能够更加精准地指导学员，提供个性化的培训方案和建议。此外，这些分析数据也为虚拟培训模块的改进提供了宝贵的信息，帮助开发者设计出更有效的虚拟培训模块。通过不断优化虚拟培训模块和用户的个性化学习体验，虚拟培训模块实时反馈机制与学习分析为学员提供了更深入、更智能的学习路径，提高了培训的实效性和用户的体验感。

6.2.3 虚拟培训案例

以美国的公司为例，波士顿的奥索VR公司专门为医学领域提供虚拟现实技术培训解决方案。他们开发了一系列先进的应用软件，能够创建出高度逼真的虚拟手术室，让医生们在一个安全无风险的环境中进行复杂手术的模拟训练。芝加哥的Level EX公司也在医学领域有所建树，他们推出了一款名为air EX的手机应用软件。这是一款由医学专家和游戏开发者共同打造的外科模拟游戏。这款游戏主要是为麻醉医生、耳鼻喉科医生、重症监护专家和急诊室医生设计，提供了多样化的虚拟呼吸道手术模拟训练。在医学虚拟训练中，奥索VR公司和Level EX公司均运用了逼真的仿真技术，包括人体组织的动力学模拟、内窥镜的光学模拟及运动流体的模拟。Level EX公司的首席执行官萨姆·格拉斯伯格强调，通过虚拟手术模拟，医生们能够在没有实际风险的情况下提高手术技巧。此外，在疼痛管理领域，虚拟现实技术也展现出了巨大的应用潜力。洛杉矶的Cedars Sinai医疗中心推出了一项创新项目，该项目由Brennan Spiegel博士领导，旨在利用虚拟现实技术为患者提供更为有效的疼痛缓解方案。该项目基于“生物—心理—社会模型”，通过结合虚拟现实技术和心理学原理，为患者提供个性化的疼痛管理方案。新泽西的Salix Pharmaceuticals公司开发了一个独特的交互式虚拟现实平台，该平台旨在帮助医生更深入地了解肠道易激综合征的病因。通过这个平台，医生们可以在一个模拟的胃肠道环境中探索肠道易激综合征的多种潜在病因，如肠—脑轴的交互作用、肠道微生物的平衡等。这种互动式的学习方式不仅提高了医生们诊断的准确性，还有助于他们制定更有效的治疗方案。

6.3 虚拟导览与互动旅游

6.3.1 虚拟导览的技术基础和实现方式

虚拟导览是一项利用虚拟技术为用户提供场地导览和互动体验的方式。

6.3.1.1 虚拟导览的技术基础

虚拟导览的技术基础涉及多个方面，从场景建模到用户交互，都需要综合运用各种技术来实现流畅且真实的虚拟导览体验。

1．三维场景建模与渲染。

通过使用三维建模软件，设计师可以精确模拟实际场地的外貌和结构，包括建筑物、景观和其他地标。这些场景需要通过高质量的渲染技术，如光照、阴影和材质映射，才能呈现逼真的视觉效果，使用户感觉仿佛置身于实际场地。

（1）三维场景建模。

三维场景建模包括以下五个方面：一是模型创建。通过使用专业的三维建模软件，开发者可以开始创建场景中的物体，包括建筑、人物、道路、自然元素等。三维建模软件通常会提供丰富的工具，如绘制、拉伸、旋转、缩放等，以便开发者能够精确地塑造物体。二是纹理映射。在三维场景建模中，纹理是物体表面的外观。纹理映射是将图像或图案应用到模型表面的过程。纹理映射赋予物体更真实的外观，包括贴图、法线贴图、反射贴图等。三是光照情境。灯光对创造逼真的三维场景至关重要。开发者可以设置不同类型的灯光，如平行光、点光源、聚光灯等，以模拟不同的光照情境。四是模型组合。将创建的各个模型组合在一起，形成完整的场景，包括将建筑模型放置在地面上，将人物模型放置在场景中等。在某些场景建模中，特别是游戏开发项目，开发者可能需要添加动画效果或交互性元素，以使场景更加逼真。五是格式文件。完成的三维场景模型可以导出为特定的文件格式，以便在不同的应用程序或平台上使用，包括将场景集成到游戏引擎、虚拟现实设备或其他应用程序中。

（2）三维场景渲染。

三维场景渲染包括以下五个方面：一是模型的几何处理。场景中的三维模型经过几何处理，包括顶点变换、投影和裁剪，能将三维坐标转换为二维坐标，并能确保只渲染位于相机视锥体内的部分。二是光照模型。光照模型模拟光线与表面交互的方式，以确定表面的颜色和亮度。经典的光照模型包括漫反射、镜面反射和环境光照。这些模型根据光源的位置和属性计算表面的光照效果。三是纹理映射。将纹理映射应用于模型表面，以赋予模型表面更多的细节，增强模型的真实感。纹理是二维图像，纹理映射包括颜色、图案、法线贴图等。四是阴影。阴影是渲染中的关键元素，增加了场景的深度，增强了立体感。常见的阴影技术包括阴影映射、体素化阴影和实时阴影等。五是透视。透视效果是通过将离相机近的物体显示得比离相机远的物体大来模拟的。透视投影是用于在二维屏幕上显示透视效果的。六是渲染管线。渲染管线是一系列处理步骤，将几何处理、光照、纹理映射等步骤组织起来，以生成最终的渲染图像，包括图元装配、光栅化、像素处理等阶段。为了确保物体正确的遮挡关系，渲染引擎会使用深度缓冲来跟踪每个像素的深度信息，以便正确绘制前后关系。为了减少图像中的锯齿效应，一些渲染引擎支持抗锯齿技术，通过对图像进行额外的处理来提高图像的平滑度。渲染引擎最终将渲染好的图像输出到屏幕或其他设备，供用户观看。三维场景渲染示意图如图6-18所示。

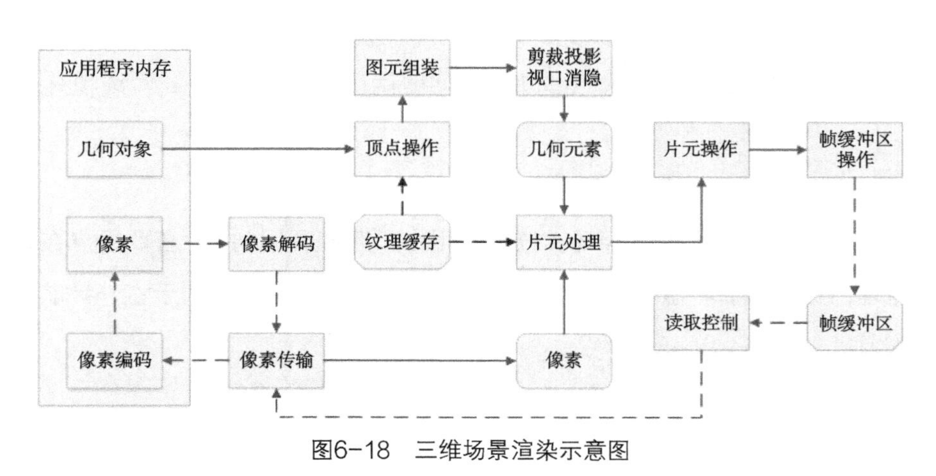

图6-18　三维场景渲染示意图

2. 虚拟现实技术。

虚拟现实技术是实现虚拟导览的关键。通过虚拟现实设备，如头戴式显示器，用户可以沉浸式地体验虚拟导览。这些设备通过追踪用户的头部和身体运动，实时调整虚拟场景的呈现，提供更加具有交互式和真实感的导览体验。

交互设计在虚拟导览中也扮演着至关重要的角色。用户通过手势、控制器或其他交互方式与虚拟环境进行互动，探索场景，选择兴趣点或获取相关信息。设计良好的交互界面能够提高用户的参与感和满意度，使导览体验更加直观和友好。

3. 实时性要求技术。

虚拟导览的实时性要求技术能够在用户与虚拟环境互动时保持流畅和即时响应。这涉及到优化场景渲染、减少延迟、确保设备追踪和交互功能的高效运作。

4. 多媒体内容的集成。

多媒体内容的集成是虚拟导览不可或缺的一部分，包括语音导览、音效、图像和视频等多媒体元素，这些可以丰富用户体验，提供更全面的信息，使导览更生动有趣。

6.3.1.2　虚拟现实定位与导航技术

1. Room-Scale Tracking。

对于许多虚拟现实系统，如HTC Vive和Oculus Rift，它们支持室内尺度的跟踪。

通过在用户的房间安装传感器，系统能够精确跟踪头戴式显示器和手持控制器的位置，从而实现用户在虚拟环境中的移动。

2. Inside-Out Tracking。

一些虚拟现实系统使用内置摄像头和传感器，如Windows Mixed Reality头戴式设备。这种Inside-Out Tracking技术允许用户在没有额外传感器的情况下可以进行虚拟现实体验，因为系统内置的摄像头会监测用户周围的环境并定位其在虚拟环境中的位置。

3. GPS与增强现实技术结合。

在一些增强现实技术和混合现实技术应用中，系统利用GPS来获取用户在现实世界中的地理位置，然后将虚拟环境与真实世界进行结合，这可以用于室外导航和虚拟物体的放置。

4. 眼动追踪技术。

头戴式设备中的眼动追踪技术通过监测用户眼球的注视点来提供更自然的导航方式。用户只需注视某个位置，系统就可以将他们的视线转化为移动的指令。

5. 手势识别技术。

虚拟现实系统中的手势识别技术允许用户使用手势进行导航和交互。通过检测手部动作，用户可以完成选择虚拟对象、手势导航等操作。

6. 语音识别技术。

语音识别技术，即用户可以通过语音来导航。在虚拟环境中可以模拟语音助手的交互方式。

7. 震动反馈技术。

震动反馈技术可以通过触觉传感器在用户与虚拟环境交互时提供物理反馈，如模拟碰撞、抓取物体等，从而改善用户的交互体验。

以上这些技术的选择取决于虚拟现实应用程序的具体需求和目标。有些应用可能更注重用户的自由移动，而另一些应用可能更注重精确的手势控制或眼动导航。随着技术的不断发展，虚拟现实定位与导航技术将继续优化，从而为用户提供更好的体验。

6.3.1.3 虚拟现实的360° 全景拍摄与展示

虚拟现实的360° 全景拍摄与展示是一种将用户置身于全方位虚拟环境中的技术，让用户可以在虚拟环境中360° 自由观察。

1．360° 全景拍摄。

（1）相机设备。使用专门用于360° 全景拍摄的相机设备，如360° 相机。这些相机具有多个镜头或传感器，能够同时捕捉全方位的图像。

（2）摄影技巧。在拍摄时需要注意环境光照、场景构图及镜头校准等因素，以确保在后期制作中能够产生高质量、无缝连接的全景图像。

（3）后期制作。使用专业的全景图像处理软件，将拍摄的图像进行拼接和修正，以创建全景图，通常涉及将多个图像投影到一个球面上，并确保图像的对齐和平滑过渡。

（4）全景视频。除静态图像之外，还可以通过录制全景视频来捕捉环境中的动态变化。这需要虚拟现实设备具有更高的存储和处理能力。

2．360° 全景展示。

（1）虚拟现实头戴式设备。用户通过佩戴头戴式显示器，如Oculus Rift、HTC Vive或其他支持全景体验的设备，进入虚拟环境。

（2）全景播放器。使用专业的全景播放器或虚拟现实应用程序，这些应用程序能够在虚拟环境中加载和播放360° 全景图像或视频。这些播放器提供交互式的界面，使用户能够自由地浏览。

（3）Web虚拟现实。通过Web虚拟现实技术，用户可以在支持Web虚拟现实的浏览器中直接浏览全景内容，而无需下载专门的应用程序。这增加了全景内容的可访问性。

（4）交互性元素。一些全景展示还支持交互性元素，如热点（用户点击后显示附加信息或链接）、导航点（用户可点击以移动到不同的场景）等，为用户提供更丰富的虚拟体验。

（5）社交分享。用户可以分享全景内容，让其他人通过社交媒体或专门的全景分享平台来查看和体验。

总之，通过360° 全景拍摄与展示技术，用户可以在虚拟环境中身临其境。360° 全景拍摄与展示技术在旅游、房地产、教育和文化艺术等领域有着广泛的应用。

6.3.2 互动旅游

6.3.2.1 上海欢乐谷

2017年，上海欢乐谷推出“高科技万圣节”活动，包括AR手游、VR鬼屋等项目。下载AR手游，游客不仅可以在园区内观赏萌萌的虚拟妖怪，而且可通过手机捕捉虚拟妖怪并与其合影，完成“捉妖”任务还可兑换奖品。VR鬼屋“雪域惊魂”利用了虚拟现实技术，720° 全景模拟雪域高原场景，体验者只需佩戴虚拟现实设备就能以第一视角走上险象环生的雪山吊桥，展开一场胆战心惊的“求生之旅”。

6.3.2.2 建设VR体验馆

在旅游产业的创新发展浪潮中，我国多个著名景区（如安徽黄山、河南红旗渠、海南鹿回头、山东蓬莱艾山及江苏沙家浜等）纷纷引入虚拟现实技术，建立了各具特色的VR体验馆。这些VR体验馆不仅为游客提供了更为丰富、沉浸式的旅游体验，而且巧妙地运用了新技术，将景区的历史风貌和故事生动地展现给游客，进一步增强了游客的体验感。通过虚拟现实技术，游客能够更直观地感受到这些景区的独特魅力和深厚文化底蕴。

6.3.2.3 阿拉斯加航空

阿拉斯加航空公司与Skylights公司合作，将其最新的机上娱乐解决方案加入进来。Skylights的Allosky设备不仅体积小巧，配备双1080P显示屏，整体重量250g，支持Wi-Fi和蓝牙连接，而且阿拉斯加航空公司还配合了一个Bose品牌的降噪耳机，为旅客提供3D/2D影片和图像。

6.3.2.4 浦东滨江VR全景旅游地图

2018年10月，一款名为“浦东滨江VR全景旅游地图”的创新应用正式亮相。通过这款应用，用户可以轻松浏览包括上海中心大厦、东方明珠广播电视塔、金茂大厦、上海环球金融中心、中华艺术宫、世博源及梅赛德斯奔驰文化中心在内的12座标志性建筑。用户只需简单操作，即可“漫步”于这些知名景点之中，这款应用中还配有专业的解说功能为用户提供伴随式的导览服务，让每一次虚拟之旅都有意义且充满趣味。

6.3.2.5 广东佛山AR明信片册

2016年，佛山市非物质文化遗产保护中心联合中国邮政集团公司佛山市分公司、广东超体软件科技有限公司发行了AR明信片册，通过技术手段使佛山传统文化“动起来”，包含剪纸、木版年画、石湾陶塑技艺、粤剧等14项国家级非物质文化遗产。用户扫描明信片上的二维码，下载并安装客户端，即可通过3D影像、音频等组合方式了解非物质文化遗产。

总之，随着虚拟现实技术和增强现实技术的持续演进，这些技术正逐步与旅游业深度融合，为品牌推广注入了新的活力，为消费者带来了前所未有的便捷与独特体验。这种技术的融合不仅加强了旅游产品与消费者之间的联系，也进一步巩固了品牌在消费者心中的地位，提高了品牌的信誉和忠诚度。当前，公众对新颖体验的需求不断增长，虚拟环境与现实世界的融合成为了旅游业未来发展的重要方向。同时，随着虚拟现实技术的不断成熟和成本的逐步降低，虚拟现实技术在各行各业的应用也在不断扩大，这预示着虚拟现实技术在未来将发挥更加关键的作用。

6.4 虚拟现实项目的敏捷开发框架

6.4.1 敏捷开发概述

敏捷开发是一种富有活力的软件开发方法，其核心在于灵活性和协作，强调了对个体、交互、可工作的软件、客户合作和对变化响应的优先考虑。这种方法适合小而高效的开发团队，通过短周期的迭代开发，以快速交付有价值的项目为目标。Scrum框架作为其中的一种实践，提供了清晰的角色定义、迭代周期和工作流程，帮助开发团队更好地组织和协同工作。

在敏捷开发中，持续集成是一项至关重要的实践。通过频繁地将代码集成到共享的代码库中，开发团队能够确保软件始终保持在一个可工作的状态，这有助于及早发现问题并解决问题，提高软件的整体质量。用户的积极参与被认为是成功的关键，通过与用户持续合作，开发团队能够更好地理解用户需求，从而更精准地满足客户的期望。

敏捷开发鼓励接受变化，并将变化视为项目发展中的正常部分。这种适应性有助于开发团队在不断变化的市场和业务环境中灵活应对，保持项目的可持续性。持续反馈是实现项目目标的关键，通过定期的演示、评审和回顾，开发团队能够了解项目的实际进展，及时做出调整，确保软件开发始终与客户需求和项目目标保持一致。这种敏捷开发的理念和实践共同构建了一个适应性强、响应迅速的开发框架，有助于提高开发团队的协同效率和软件交付的成功率。

6.4.2 敏捷开发在虚拟现实项目中的重要性与框架类型

6.4.2.1 虚拟现实项目中敏捷开发的重要性

敏捷开发在虚拟现实项目中的应用为项目管理和开发提供了灵活、透明和高效的方法。这种方法使开发团队可以更好地应对不断变化的需求，提高交付速度，同时确保最终产品符合要求。

敏捷开发通过迭代和增量的方式处理需求，允许开发团队在项目的不同阶段灵活地调整和适应变化，通过短周期的迭代来逐步构建产品。在虚拟现实项目中，短周期的迭代意味着可以快速开发并演示虚拟环境的不同功能，获取用户反馈，并根据用户反馈进行调整。敏捷开发鼓励用户在整个开发过程中的参与，包括需求收集、功能验证和用户测试。在虚拟现实项目中，用户的参与对确保虚拟体验符合他们的期望至关重要。敏捷开发的核心理念是尽快交付有价值的产品部分。对虚拟现实项目，这意味着开发团队可以在项目周期中快速展示可用的部分项目，以确保项目朝着正确的方向发展。

敏捷开发强调持续集成和测试，以确保代码的稳定性和质量。在虚拟现实项目中，这有助于开发团队及时发现并解决虚拟环境中的技术问题，在提高软件整体开发效率的同时，注重团队内外的沟通。在虚拟现实项目中，清晰的沟通有助于开发团队理解项目的目标和优先事项，减少开发中的误解和偏差。虚拟现实技术和市场需求可能会发生变化，敏捷开发使开发团队更容易快速响应这些变化。通过灵活的开发流程，开发团队可以及时调整方向和策略。

6.4.2.2 虚拟现实项目的敏捷开发框架类型

1. Scrum框架。

Scrum是一种常见的敏捷框架，适用于各种软件开发项目，包括虚拟现实项目。Scrum框架鼓励开发团队在短周期内（通常为2至4周）交付有价值的产品，并通过每日例会、冲刺计划和回顾等来促进开发团队的协作。Scrum框架的敏捷开发模式如图6-19所示。

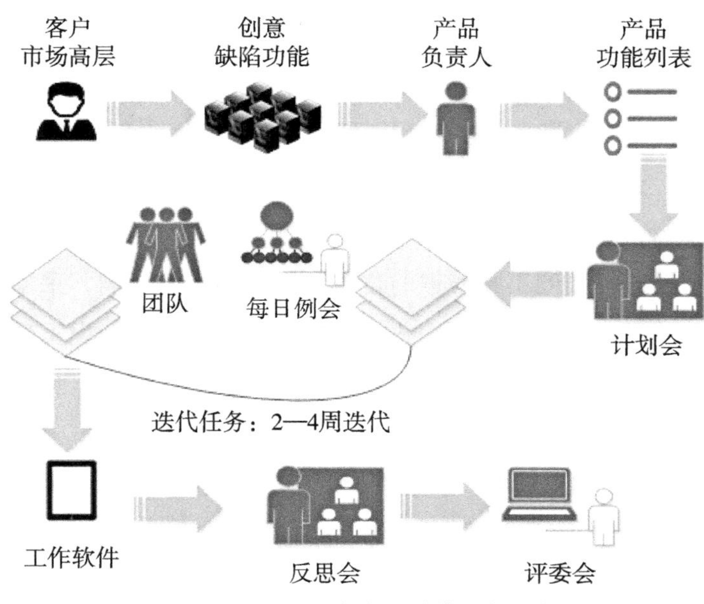

图6-19　Scrum框架的敏捷开发模式

2．Kanban框架。

Kanban是一种以流程为中心的敏捷框架，适用于需要更灵活地管理工作流程的项目。在虚拟现实项目中，Kanban框架可以用于优化开发流程、监控任务状态，并确保高价值功能的快速交付。

3．XP框架。

XP（Extreme Programming）是一种强调团队协作、快速反馈和高质量代码的敏捷框架。在虚拟现实项目中，XP框架的实践（Development，TDD）和持续集成，有助于确保虚拟环境的稳定性和质量。

4．SAFe框架。

SAFe（Scaled Agile Framework）是一种面向大型企业的敏捷开发框架。对于较大规模的虚拟现实项目，SAFe提供了一种在组织层面上应用敏捷原则的框架，协调多个团队、多个层次的结构，以确保整个项目的协同运作。

5．LeSS框架。

LeSS（Large Scale Scrum）是一种基于Scrum的大规模敏捷框架，适用于需要多个Scrum团队协同工作的虚拟现实项目。通过简化Scrum的元素，使其适用于更大规模的开发。

6．DevOps集成。

敏捷开发和DevOps（Developmen和Operations的组合词）结合使用，以实现更快的交付周期和更高的质量标准。通过自动化测试、持续集成和持续交付，虚拟现实项目可以更灵活地应对变化。

7．迭代开发。

虚拟现实项目通常受到不断演进的技术和设计趋势的影响，采用迭代开发的方法可以使开发团队更容易适应这些变化。每个迭代都可以包含虚拟环境的新功能或改进。

8．用户故事和评估。

敏捷框架通常使用用户故事来描述功能，并使用故事点或其他指标来评估和规划工作。在虚拟现实项目中，用户故事可以描述虚拟体验中用户的期望和需求。

6.4.3　敏捷开发框架的应用

Google Cardboard是Google公司开发的一种与智能手机兼容的虚拟现实头戴式显示器，采用敏捷开发框架设计。开发团队以迭代的方式开发应用功能，每两周发布一个新版本，通过用户反馈及时调整和优化产品。在敏捷框架下，开发团队迅速响应市场需求，提高了产品的竞争力。这款头戴式显示器因其独特的折叠式纸板头盔设计而得名，如图6-20所示，其核心理念在于以经济高效的方式激发大众对虚拟现实技术的兴趣并推动其发展。用户既可以依据Google公司提供的详细指南，利用简易材料自行组装头戴式显示器，也可以选择直接购买成品。为了享受头戴式显示器带来的体验，用户只需在手机上安装与Google Cardboard兼容的应用程序，并将手机嵌入头戴式显示器后端，透过镜片即可探索虚拟现实世界。

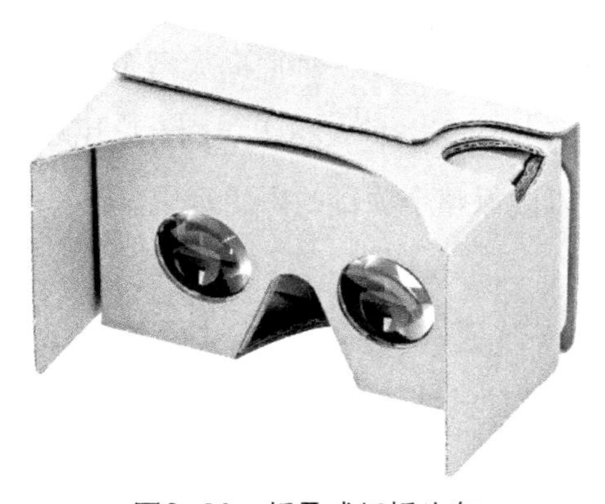

图6-20　折叠式纸板头盔

Google Cardboard的诞生，归功于巴黎谷歌艺术文化学院的创新工程师大卫·科兹与达米恩·亨利，他们在短时间内成功研发出这一革命性产品。在2014年的Google I/O开发者大会上，该产品首次亮相，并作为特别礼物赠予与会者。值得一提的是，Google Cardboard的软件开发工具包兼容Android和iOS系统，进一步拓宽了其应用范围，扩大了其应用范围。通过Google Cardboard软件开发工具包的VR View功能，开发者可以将虚拟现实内容嵌入到网络和移动应用中。

截至2017年3月，Google Cardboard的头戴式显示器发货量已经超过了1000万个，同时有1.6亿个与Google Cardboard兼容的应用程序上线。这些数据展示了Google Cardboard在虚拟现实应用领域的巨大影响力和普及程度。Google Cardboard作为一款低成本的虚拟现实设备，通过敏捷框架的应用，展现了虚拟现实技术在教育、娱乐和工业等领域中的广泛应用潜力，为用户带来了沉浸式的虚拟体验。

6.4.3.1 Google Cardboard VR移动端环境配置

Google Cardboard VR移动端环境配置的目的主要是提供一个低成本、易获取且便携的虚拟体验解决方案。通过简单的纸盒结构结合智能手机，Google Cardboard将智能手机转变为一个虚拟现实设备，使用户能够随时随地通过手机感受到虚拟现实技术的魅力。

首先，为Unity安装“Android Build Support”。如果用户使用的是Unity Hub来管理Unity版本，那么可以在Unity Hub中的安装界面，选择相应版本的右上角，点击“添加模块”，为其安装“Android Build Support”，如图6-21所示。

添加模块

为Unity 2018.4.21f1 添加模块

Platforms

☑ Android Build Support	已安装	1.9 GB
☐ iOS Build Support	751.8 MB	2.9 GB
☐ tvOS Build Support	257.4 MB	1.0 GB
☐ Linux Build Support	170.6 MB	763.9 MB
☐ Mac Build Support (Mono)	56.2 MB	295.0 MB
☐ UWP Build Support (IL2CPP)	193.1 MB	1.3 GB
☐ Vuforia Augmented Reality Support	117.3 MB	291.4 MB

图6-21 安装Android Build Support

其次，项目配置。安装完成后打开任意一个项目，选择“File→Build Settings”，在“Platform”中选择“Android”，并点击右下角“Switch Platform”

来切换平台。等待切换完成后，选择“Build System”为“Internal”。需要注意的是，如果使用“Gradle”，那么可能会导致在导出Android开发工具包的时候系统卡死。点击左下角的“Player Settings”，进行用户设置。需要修改“Other Settings→Identification”下的“Package Name”和“Minimum API Level”。另外，“Minimum API Level”需要设置为19以上的数值。

最后，完成以上设置后，既可以尝试在“Build Settings”中选中“Build”再打包为“apk”，并在Android系统的手机中运行；也可以将手机连接电脑，在USB调试模式下点击“Build and Run”进行调试。运行成功即表示环境配置完成。

6.4.3.2 Google Cardboard 游戏设计

Google Cardboard游戏设计的整体流程是一个集创意构思、技术实现与测试优化于一体的过程。首先，开发者需根据游戏创意和目标受众，设计游戏的故事情节、场景布局和交互方式。其次，利用Unity等游戏引擎结合Google Cardboard SDK进行开发，实现分屏显示、头部追踪和交互控制等VR功能。在开发过程中，还需不断调试和优化游戏性能，确保在低成本的Google Cardboard设备上也能流畅运行。最后，通过用户测试反馈，对游戏进行迭代优化，以提升用户的体验感和游戏的趣味性。整个流程旨在通过低成本的方式，为玩家提供高质量的VR游戏体验。下面是Google Cardboard 游戏设计的具体流程。

新建一个空白Unity项目，导入Google VR SDK。在“File→Build Settings→Player Settings→XR Settings”中选中“Virtual Reality Supported”，并在“Virtual Reality SDKs”中添加“Cardboard”，如图6-22所示。

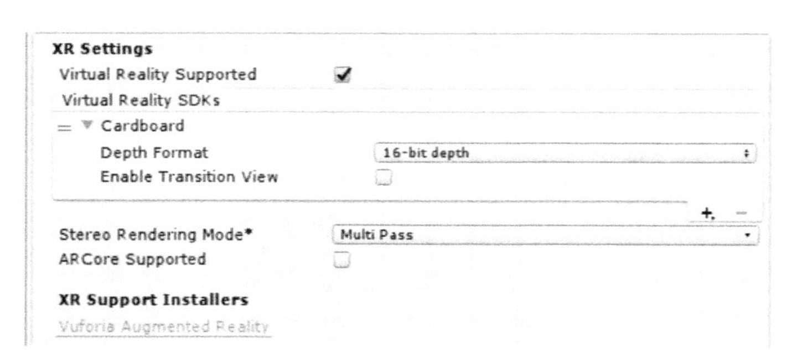

图6-22 XR Settings

新建物体名为“Player”，位于坐标（0，0，0），设置“Main Camera”为其子物体。注意“Main Camera→Transform→position=（0，0，0）”。

为“Main Camera”添加“GvrPointerPhysicsRaycaster”组件，该组件能和场景中的物体交互；在项目目录中搜索并添加“GvrEditorEmulator”预设体，该预设体使得“Unity Editor”可以模拟虚拟环境下的头部运动，便于在“Editor”中调试；在项目目录中搜索并添加“GvrEventSystem”预设体，该预设体使游戏能追踪点击、悬停等事件；在项目目录中搜索并添加“GvrReticlePointer”预设体，作为“Camera”的子物体，该预设体在游戏中显示为准星，用户能利用准星在场景物体上点击、悬停。

新建一个Cube物体，路径为“Hierarchy→Creat→SampleScene→Player→Cube”，如图6-23所示。

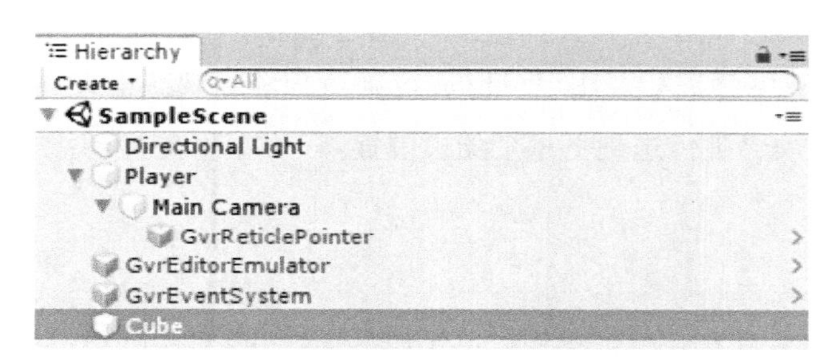

图6-23　新建Cube物体

为“Cube”添加新脚本“ReticleTest.cs”。脚本中添加一个共有函数“RandomlyTeleport（）”，该函数能让“Cube”传送到一个随机位置，如图6-24所示。

```
public void RandomlyTeleport(){
    var rad = Random.Range(0, 6.18f);
    var r = 5.0f;
    gameObject.transform.position = new Vector3(
        Mathf.Sin(rad)*r, Random.Range(-0.5f, 0.5f), Mathf.Cos(rad)*r
    );
}
```

图6-24　添加新脚本

为“Cube”添加“Event Trigger（Script）”脚本，如图6-25所示，并在“Pointer Click（BaseEventData）”下绑定当前物体的“ReticleTest.RandomlyTeleport”函数。此时，当玩家点击“Cube”时，便会调用到“ReticleTest.RandomlyTeleport”函数，使“Cube”被传送到下一个随机位置。

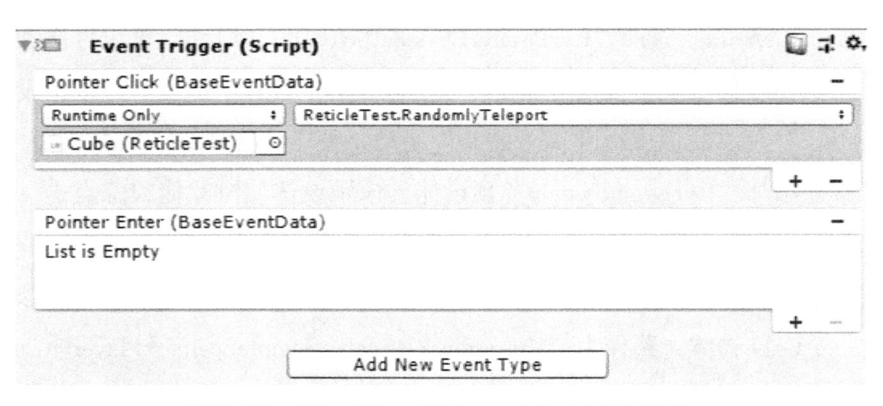

图6-25　添加“Event Trigger（Script）”脚本

在“Editor”中运行游戏，用户可以通过旋转头部来观察世界。当用户注视方块并点击屏幕时，方块会被传送到下一个随机位置。

6.5 虚拟现实技术应用电子工艺实践

6.5.1　虚拟现实技术在电子设计领域中的应用

6.5.1.1　虚拟现实技术在电子工艺设计中的应用

在电子工艺设计中，虚拟现实技术的应用为设计者的工作带来了深刻的变革。虚拟现实技术不仅为用户提供了更直观、沉浸式的虚拟体验，还优化了整个设计流程，从概念到实际制造的各个阶段。

第一，虚拟现实技术允许设计者以三维的方式查看电子设备和电路板的虚拟现实模型。通过配戴虚拟现实设备，设计者能够仿佛置身于电子产品的实际内部环境中，深入了解每个电子元件的位置、连接方式及整体结构。这种直观的视觉体验使设计者能够更全面地理解和分析设计的各个方面，为电子设备的优化布局和性能提升提供了有力的支持。

第二，虚拟现实技术在虚拟原型测试方面发挥着重要作用。设计者可以在虚拟环境中对电子产品的虚拟原型进行实时测试，包括检查电子元件的连接性、模拟电路板的性能、模拟潜在的电磁干扰问题。通过这种方式，设计者能够在产品实际生产前发现并解决潜在问题，可减少原型样品制作的成本和时间。

第三，交互式设计是虚拟现实技术在电子工艺设计中的一个显著优势。设计者可以直接在虚拟环境中进行交互式设计，通过手势或控制器调整元件的位置、方向和属性。这种实时的交互式体验使设计者能够立即查看设计变化，并在设计过程中快速做出决策，加速了设计流程的迭代和优化。

第四，虚拟现实技术还为电子设备的布局优化提供了强大的工具。设计者可以在虚拟环境中重新排列电子元件，测试不同的布局方案，以提高电子设备的性能和散热效果。通过优化布局，设计者能够更好地满足电子设备的性能和容量要求，提高设计的效率和电子设备的可靠性。

第五，虚拟现实技术在培训和教育方面也占据着重要地位。初学者可以通过虚拟环境沉浸式学习电子元件的功能、连接和布局。这种沉浸式的培训方法有助于提高初学者的学习效率，降低培训成本。

第六，协同设计是虚拟现实技术在电子工艺设计中的重要应用。多人虚拟协同设计平台使团队成员能够在虚拟环境中协同工作。团队成员可以同时访问并编辑虚拟原型，实现实时的协同编辑，提高了设计团队的协同效率。

第七，虚拟现实技术还可以模拟电路的实际运行过程。设计者可以在虚拟环境中模拟电子设备的工作状态，观察信号传输和元件行为，以优化电路的性能。这为设计者提供了更全面、深入的理解，有助于确保电子产品在实际应用中表现出色。

总而言之，虚拟现实技术在电子工艺设计中的应用不仅提升了设计的直观性和设计者创造力，还大大提高了设计的效率、质量和设计者工作的协同性。这为电子设计者创造了更加创新和高效的设计环境，推动了电子工艺设计领域的发展。

6.5.1.2 电子原型的虚拟建模

电子原型的虚拟建模是一项关键的技术，为设计者提供了强大的支持，可以在虚拟环境中精确直观地呈现电子设备的设计。在电子工艺设计领域，设计者选择适当的建模工具和技术至关重要，因为这直接影响到电子原型设计的准确性和可靠性。同时，虚拟建模也需要与实际制造保持一致，以确保设计的一致性。交互式虚拟建模使设计者能够实时调整原型，提高设计效率。此外，虚拟建模与仿真的集成，以及协同设计的支持，都为设计者提供了更全面的工作环境。在产品迭代中，虚拟建模的作用不仅有助于提高设计效率，还有助于加速产品的创新和市场投放。总体而言，电子原型的虚拟建模是推动电子工艺设计领域创新的关键因素之一，为设计者提供了更灵活、直观和高效的工作方式。

6.5.2 电子设备的建模技术与效果展示

在打造虚拟现实系统之前，首要任务是构建一个虚拟环境。在众多元素中，视觉是用户体验中最直观和形象的因素。因此，在虚拟环境设计中，实时动态、逼真合理的呈现虚拟模型尤为关键。一旦完成模型构建，虚拟现实系统也就建立起来了。虚拟现实系统可以包含一个或多个虚拟物体，这些元素的组合构成了虚拟现实系统的模型。换句话说，虚拟现实系统模型以不同方式存在。在建模的初始阶段，关键步骤之一是为系统设定一个标准。虚拟环境中有许多对象和物体，层次相对较为复杂，因此建模过程必须涵盖所有相关的对象。

在三维视觉建模中，我们可细致地划分为几何建模、物理建模及对象行为建模等多个方面。在构建虚拟环境的过程中，几何建模以其独特的高效性和重要性脱颖而出，成了一项至关重要的设计技术。几何建模专注于捕捉和呈现物体对象的几何特性，这些几何特性构成了虚拟环境中物体对象的基础。在虚拟环境中，每个物体都是独特的，它们通过形状和外观这两大核心要素得以塑造。而这两个核心要素并非孤立存在，而是与物体的其他属性相互交织，共同确定了物体在虚拟世界中的完整形象。因此，几何建模不仅仅是对物体形状的简单描绘，更是对物体整体特性的深入探索和精准表达。下面将介绍三种常见的几何建模类型。

6.5.2.1 Polygon建模

Polygon建模作为一种基础性的建模技术，依赖于少量的网格多边形来构建和编辑模型。在实际操作中，该方法首先从设定基本的规则几何形态出发，然后细致地雕琢物体的各个细节部分，以满足特定的需求。最终，通过一系列技术手段，我们能够在虚拟现实应用中创建出栩栩如生的场景和对象。尽管Polygon建模在创建平滑曲面方面存在局限性，但操作简便、高效，且具有良好的实时性，这使得它在游戏设计、动画制作等领域中得到了广泛的应用。Polygon的基本构造由四个关键元素组成：顶点、边、面和纹理坐标。Polygon建模效果如图6-26所示，即为这一建模技术所展现的成果，这正是其独特魅力的体现。

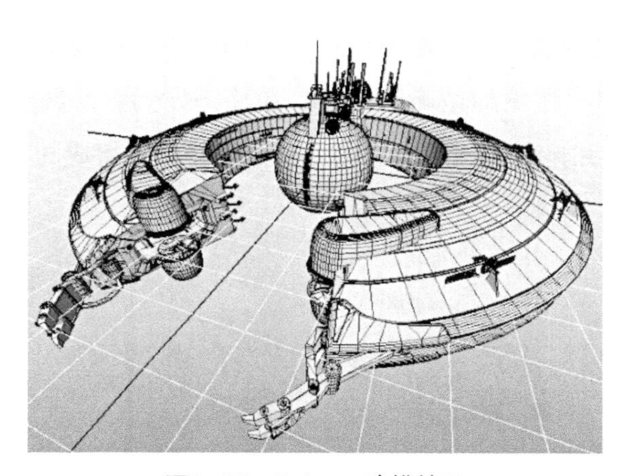

图6-26 Polygon建模效果

6.5.2.2 NURBS建模

在深入探讨NURBS（非均匀有理B样条）建模技术时，我们不难发现其独特的优势。首先，NURBS建模中的“NU”指控制点不仅具备可变的控制力，而且能够精确地调整曲线的密集程度，从而实现曲线的自由变化。这种高度的灵活性使得NURBS建模在处理复杂曲面时显得尤为出色。此外，“R”在NURBS中代表了“有理”，这意味着每一条曲线都能够通过精确的数学表达式来定义。这种数学上的严谨性使得NURBS建模非常适合于计算机编程，能够确保在数字环境中创建出精确无误的模型。B样条（B-Spline）曲线则通过连接点之间的路线，利用内插值替换来构建曲线。这种方式能够生成连续且平滑的曲线，使得设计过程更加流畅。B样条曲线的应用不仅简化了建模过程，还使得设计者能够更加灵活地调整曲线的形状。

与Polygon建模相比，NURBS建模在曲面对象的构建上更具优势。Polygon建模虽然简单直观，但难以处理复杂的曲面。NURBS建模则能够运用曲线和曲面来精确描述建模对象，使得设计者创建出更加复杂且精确的模型。需要注意的是，由于NURBS曲线的特性，创建锐利的边缘可能相对困难，但这并不影响其在工业模型设计、产品制造等领域的广泛应用。

在NURBS建模中，控制点和控制多边形共同构成了模型的基础。这些元素不仅决定了曲线的形状和特性，还使得设计者能够在建模过程中进行精细的调整。通过调整控制点的位置和数量，设计者可以轻松地改变曲线的形状和密度；通过调整控制多边形的形状和大小，设计者则可以进一步控制曲面的形态和细节。这种高度的可控性使得NURBS建模成为一种非常强大的建模工具。

NURBS建模通过控制点和控制多边形的协同作用，展现出了其独特的魅力。这种协同作用不仅使得模型更加精确和逼真，还使得设计者能够充分发挥自己的创造力，创造出更加独特和精美的作品。控制点和控制多边形组成的NURBS模型如图6-27所示。

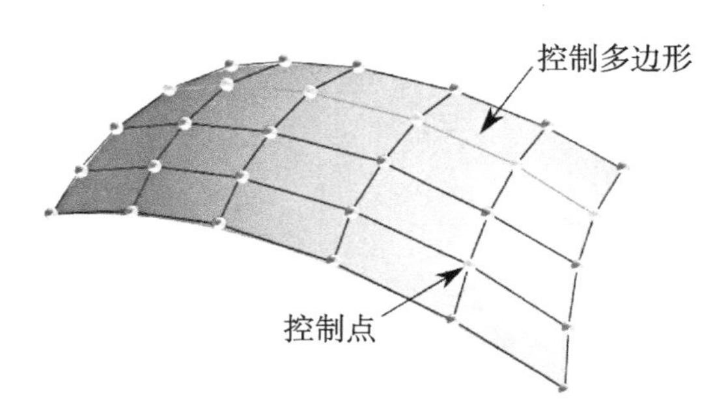

图6-27　控制点和控制多边形组成的NURBS模型

NURBS建模效果如图6-28所示。

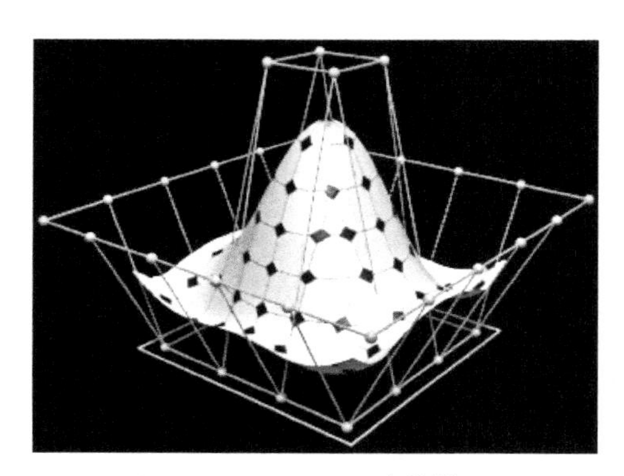

图6-28　NURBS建模效果

6.5.2.3　Subdivision建模

Subdivision建模是一种基于迭代细分的计算机图形学技术，用于创建具有高细节度和真实感的曲面模型。Subdivision建模方法通过对原始多边形或曲面进行逐级分割，不断细化网格结构，以生成更为复杂、光滑且细致的几何形状。这种技术在建模过程中能够保留原有的整体形状，并在每个细分级别能够引入更多的几何细节，使模型更加逼真。Subdivision建模广泛应用于动画制作、游戏开发及计算机图形学领域，为设计者提供了强大的工具，可以创造出复杂的表面。Subdivision建模效果如图6-29所示。

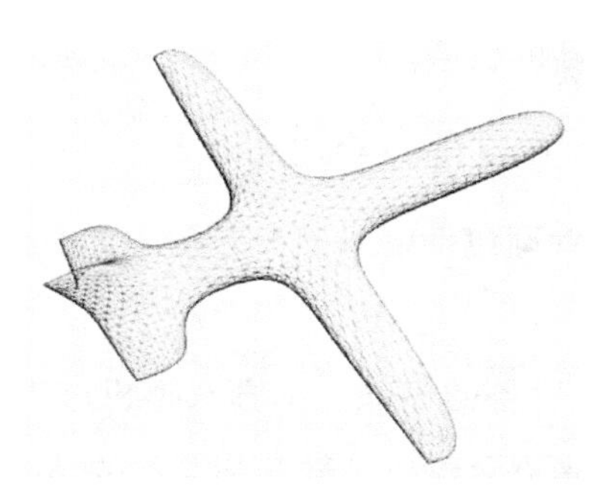

图6-29 Subdivision建模效果

6.5.3 电子设备的三维可视化

6.5.3.1 3D模型可视化和数字孪生技术及产品

在数字经济建设和数字化转型的浪潮中，数据可视化大屏已成为各行各业不可或缺的工具。因为传统的数据大屏通常以图表和指标为主，无法真实地反映复杂的物理世界和数据关系。为了解决这个问题，3D模型可视化和数字孪生技术应运而生。这些技术可以将真实世界的物理对象、过程或系统，以及它们之间的关系和相互作用，构建成虚拟的数字模型，并以立体、动态、交互的方式展示在数据大屏上，从而实现数据的可视化、可感知、可控制。

目前，市面上的一些3D模型可视化和数字孪生产品往往只注重模型的展示，而忽略了模型与图表之间的联动分析能力（通常需要大量代码开发才能实现联动分析）。这使得用户在观看数据大屏时，既无法对模型进行深入的探索和交互，也无法对图表进行灵活的筛选和变换。为了满足用户对交互式3D模型可视化大屏的需求，Wyn商业智能软件推出了一种集灵活、易用于一体的解决方案。Wyn可以让开发者快速搭建3D场景，并将其与商业智能数据大屏无缝集成，实现模型与图表之间的双向联动，从而轻松打造数字孪生项目。这样，用户在观看数据大屏时，既能享受3D模型的视觉冲击，又能体验商业智能数据大屏的交互分析功能。

3D模型可视化大屏和数字孪生技术为用户带来了前所未有的视觉冲击和交互体验。无论是在工业制造、城市规划、交通运输、能源环保，还是在教育、医学、文化、旅游、军事安全等领域，都可以通过这种技术实现数据的可视化、可感知、可控制，从而为用户打造出智慧数字应用的新场景。这种融合技术让用户更加直观地了解复杂的物理世界和数据关系，并在3D模型可视化大屏上进行深入的探索和交互，为各行各业带来更多可能性和创新的机会。

6.5.3.2 电子设备三维可视化的管理

电子设备的三维可视化管理包括以下三个方面：

（1）可视化设备建模。

使用3D建模技术对电子设备的零件、部套及整机进行建模，构建关于它们的3D模型库。这样的建模能够清晰展示整机、部套和零件的结构。

（2）可视化设备安装管理。

对可视化设备安装进行三维建模，将三维场景与计划和实际进度时间结合。利用不同颜色来呈现每一阶段的安装建设过程，使用户能够直观地了解设备的安装状态，实现可视化的安装管理。首先，需要明确设备安装项目的所有阶段。这些阶段可能包括但不限于：前期准备（如场地清理、基础施工）、设备运输与就位、初步安装（如组装部件、连接管线）、调试与测试、最终验收，以及后期的维护与保养等。每个阶段都代表了设备安装过程中的一个重要环节。为每一个安装阶段分配一个独特的颜色代码。颜色的选择应易于区分、符合行业习惯或项目特定要求的原则。例如，可以使用绿色代表前期准备阶段，表示项目刚刚开始，一切准备就绪；蓝色代表设备运输与就位，象征着安装过程的顺利进行；黄色用于初步安装阶段，可能意味着需要特别注意的细致工作；红色用于调试与测试阶段，表示该阶段可能存在风险或需要特别关注；另外，金色可用于最终验收阶段，代表项目的成功完成。在三维建模软件中，根据设备安装的实际进度，将对应阶段的颜色应用于模型中的相应部分。这可以通过在模型中添加材质、着色层或使用软件内置的颜色编码功能来实现。例如，在三维场景中，已经完成前期准备的区域可以被涂成绿色，而正在进行初步安装的设备部分则显示为黄色。这样，当观察者浏览三维模型时，就能立即通过颜色判断出各个区域的安装进度和状态。随着项目的推进，需要定期更新三维模型中的颜色表示，以反映最新的安装进度。这可以通过与项目管理软件或进度跟踪系统的集成来实现，确保三维模型中的信息与实际情况保持一致。此外，还可以为三维模型添加交互功能，如点击某个区域查看详细进度信息、播放动画模拟安装过程等，进一步提升用户的体验感和团队成员的沟通效率。利用三维模型生成的带有颜色编码的安装进度报告可以轻松地与项目团队、客户及利益相关者分享。这些报告不仅提供了项目进度的直观展示，还促进了各方之间的有效沟通和协作。通过共同查看和分析三维模型，团队成员可以更快地识别问题、调整项目并做出决策。

（3）可视化设备台账管理。

建立设备台账和资产数据库，并将其与三维电子设备进行关联，能够实现设备台账的可视化。用户通过模型和属性数据的互查、双向检索定位，可以快速找到相应的电子设备。这种集成式的资产管理使用户能够查看电子设备的现场位置、所处环境、关联设备及参数等真实情况。

在电子设备进行三维可视化的起始阶段，与利益相关者进行会议，明确项目的目标和需求，主要确定两个方面：一是可视化目的，确定是为了产品展示、教育、销售还是其他目的；二是用户体验，确定用户与电子设备的交互方式和用户的期望体验。

6.5.3.3　电子设备三维可视化操作

电子设备三维可视化的操作流程是一个综合性的过程，它始于对具体需求的明确界定，包括设备类型、展示精度及交互功能等。通过现场勘查或利用先进的测量工具收集设备的详细数据，这些数据是构建三维模型的基础。在建模阶段，使用专业的三维软件并根据收集的数据精确地构建电子设备的三维模型，同时注重模型的材质、光照效果及细节处理，以确保模型的逼真度。如果需要将模型嵌入到地图或其他场景中，还需进行地图投影处理，以实现模型与环境的无缝融合。同时，还需设计并实现交互功能，如缩放、旋转、点击反馈等，以提升用户体验。在这一过程中，还需不断地对模型进行性能优化，如减少模型细节、优化渲染算法等，以确保三维可视化在各种电子设备和网络环境下的流畅运行。完成建模与交互设计后，进入测试环节。通过全面的功能测试和性能测试，确保三维可视化符合需求且性能稳定。根据用户反馈进行必要的调整和优化后，最终将三维可视化发布给用户使用，并提供持续的技术支持和维护服务。整个流程注重细节处理与性能优化，旨在为用户提供直观、便捷、高效的电子设备三维可视化体验。具体操作流程如下：

（1）根据项目需求选择适用的三维建模软件和图形引擎。确保这些工具可以无缝集成，并能满足项目的复杂性和相关的性能要求。

（2）使用三维建模软件创建电子设备的几何形状和结构。确保模型能准确地反映电子设备的外观和内部组成，包括主板、芯片、连接器等组件。

（3）为模型添加适当的纹理和材质。增强模型外观的真实感，包括表面的质感、标签或标识贴图等。

（4）配置光源以模拟真实环境中的光照条件。确保光照效果自然，并添加适当的阴影，使模型在不同光照条件下看起来一致。

（5）如果项目需要，添加动画元素以展示电子设备的特定功能或工作原理。设计用户友好的交互方式，使用户能够从不同的角度查看电子设备。

（6）在不同平台和电子设备上进行测试，确保渲染效果和交互性能达到预期。调整模型和渲染参数，以提高电子设备的性能和用户体验。

（7）根据项目需求，将三维可视化项目部署到目标平台上，包括网页、移动应用或虚拟现实设备。确保用户能够方便地访问，以及与电子设备互动。

（8）提供用户培训。确保用户能够充分利用三维可视化工具。

（9）创建使用手册、视频教程或在线支持渠道，解答用户可能遇到的问题。

（10）定期更新三维可视化项目，以适应新的设备版本、技术变化或用户反馈。

（11）持续关注新的技术趋势，确保三维可视化项目保持先进性。

6.5.4 实践案例分析

6.5.4.1 虚拟现实技术及3D技术在Web端架构上的设计与实践

VR看房是一种利用虚拟现实技术和3D技术的应用场景，用户通过手机终端就能感知真实房屋的环境和特征。这种技术具有一系列显著的特点和优势。

首先，通过VR看房，用户无需亲临现场即可深入了解房屋的各个方面。传统的看房方式通常需要花费大量时间和精力，而VR看房则能大大简化这个过程，让用户随时随地都能进行房屋观察和比较。其次，VR看房为用户提供了更加直观、沉浸式的体验。用户可以通过虚拟现实技术仿佛置身于实际房屋中，感受空间布局、装修风格及周围环境，这种体验远远超越了传统的图片和视频展示，让用户可以更加全面地了解房屋的真实情况。最后，VR看房具有很强的交互性。用户可以通过手机终端自由地浏览和探索房屋，甚至可以与房屋进行交互，如打开门窗、切换灯光等，这种交互性增强了用户的参与感和体验感。

VR看房利用Web技术，特别是WebGL和JavaScript等前端技术，在Web浏览器上搭建一个三维虚拟环境，让用户能够在线上就能获得身临其境的看房体验。具体而言，开发商或房地产平台会先对房屋进行三维扫描或建模，生成高精度的3D模型。然后，通过WebGL技术将这些3D模型渲染到Web页面上，用户只需通过访问特定的网页，就可以使用鼠标、键盘或触摸屏等交互设备，在Web端自由旋转、缩放、移动这些3D

模型，从而全方位地查看房屋的各个角落。此外，为了提升用户体验，VR看房系统还会加入光照效果、材质贴图等细节处理，让房屋看起来更加逼真。同时，VR看房系统还会对模型进行性能优化，以确保在各种电子设备和网络环境下都能获得流畅的VR体验。这样，用户就无需实地看房，就能在线上获得接近真实的看房体验，大大提高了看房的效率和服务的便捷性。

3D模型的组成及形态使得用户可以通过虚拟现实技术仿佛置身于实际房屋中，感受空间布局、装修风格及周围环境。虚拟现实3D模型的形态有多种，但在用户层面直观感受到的主要有三种形态，即3D模型形态、点位全景形态及虚拟现实显示器视角形态。

（1）3D模型形态。

3D模型形态通过建模和渲染技术，将整个房屋以3D模型的形式呈现出来。用户通过手机、平板电脑等设备观看房屋模型，可以自由地旋转、缩放和移动视角，以全方位、立体化的方式观察房屋的各个部分，从而更加直观地了解房屋的结构和布局。具体的原因是，使用三角面片方法描述的三维房屋虚拟现实效果能够提供令人沉浸的虚拟体验，使用户逼真地感受房屋的布局和空间。

首先，通过将房屋建筑物以三角面片的形式进行建模，可以准确地呈现房屋的外观和结构。每个房间、每个墙面都可以通过多个三角形面片来描述，使得模型在虚拟环境中看起来非常逼真。其次，使用三角面片方法描述的三维房屋虚拟现实效果能够让用户在虚拟环境中真实地感受到房屋的空间特征。用户可以自由地在房屋内部移动和转换视角，通过观察和探索来感受每个房间的大小、布局及与周围环境。再次，三维房屋虚拟现实效果可以将房屋内部的装修和家具以三角面片的形式精细地建模和渲染出来。用户可以在虚拟环境中观察每个房间的装饰风格、家具摆放等细节，以便更好地了解房屋的整体氛围和舒适度。从次，通过三维房屋虚拟现实效果，用户可以与虚拟环境进行交互，并根据自己的喜好和需求进行定制。例如，可以调整家具的位置、更换装饰风格、修改房间布局等，以便更好地满足个性化的需求。最后，使用三维房屋虚拟现实环境，用户可以进行全景漫游和虚拟导览，即在虚拟环境中自由移动并探索房屋的每个角落。这种体验可以让用户更加深入地了解房屋的各个细节和特点，为房屋选择和决策提供更为直观和全面的参考。

目前，仅依赖终端设备（如iOS、Android等）上的3D模型来还原房屋的真实细节并不切实可行。因为三角面片较少，数据量较低，内存占用较小，所以用户可以采用

3D模型来还原房屋的整体结构。至于细节部分，则需要通过点位全景的方式来实现。

（2）点位全景形态。

点位全景形态通过将房屋各个关键位置的全景图像拼接而成。用户可以在虚拟环境中通过点击不同的点位，跳转到对应位置的全景图像，从而以360°全景的方式观察房屋的具体细节，如客厅的沙发、卧室的门、厨房的灶台等，从而更加贴近实际。点位全景形态的具体拼接流程如下。

①数据采集与拼接。需要使用特定的全景相机或者智能手机配合全景拍摄App，在房屋内部各个关键位置拍摄全景照片。拍摄完成后，将拍摄到的全景照片传输至电脑，并使用专业的全景图像处理软件，如PTGui、AutoPano等，然后对这些全景照片进行拼接，生成完整的全景图像。

②立方体映射。将拼接完成的全景图像转换为立方体映射。立方体映射是将全景图像投影到一个立方体的六个面上，使得用户可以通过点击不同的面来切换观看不同的全景图像。这一步通常通过全景图像处理软件来实现，该软件提供了立方体映射的功能，并自动生成相应的立方体贴图。

③应用程序开发。开发一个移动端应用程序，支持iOS、Android等系统，用于展示全景立方体、实现用户与全景图像的交互。这个应用程序需要集成全景立方体的渲染引擎，以及用户交互的处理逻辑，同时还需要适配不同的移动设备，以确保应用程序在各种电子设备上都能正常运行。

④创建交互界面。在应用程序中，需要创建一个交互式的用户界面，用于展示全景立方体、控制用户与全景图像的交互。这个界面通常包括一个主场景，用于显示全景立方体，以及一些控制按钮或者手势识别区域，用户可以通过这些控制来切换视角、移动位置等。

⑤优化和发布。对应用程序进行性能优化，确保其在电子设备上的流畅运行和低内存占用。最后还要将优化后的应用程序发布到应用商店，供用户下载和使用。

（3）虚拟现实显示器视角形态。

虚拟现实显示器视角形态适用于配合虚拟现实头戴式显示器设备使用。3D模型形态和点位全景形态都是在二维显示屏上展示的，也就是裸眼体验。要想让用户获得身临其境的感受，通常需要借助虚拟现实显示器。用户通过佩戴虚拟现实显示器，可以沉浸式地体验房屋的环境，仿佛置身于实际的房屋中。这种形态提供了最为逼真的体验，用户可以通过头部运动自由探索房屋的每个角落，感受房屋的真实性。为了适配这类设备，我们需要利用WebXR Device API。目前，我们的适配策略是渲染两个相同的点位全景形态，分别供左眼和右眼感知。鉴于大多数用户仍然使用iOS和Android系统的电子设备，目前裸眼虚拟现实3D体验仍然是主流。随着硬件设备的普及，当虚拟现实显示器成为普遍标配时，更具身临其境的体验才会覆盖更多用户。

6.5.4.2 前端架构分层设计

通过多轮产品需求迭代，在虚拟现实3D模型的基础上不断完善整个前端架构分层设计。目前，从整个虚拟现实用户端前端架构设计中抽象出了三个关键层次，分别是View层、前端数据层和Web服务层，具体如图6-30所示。

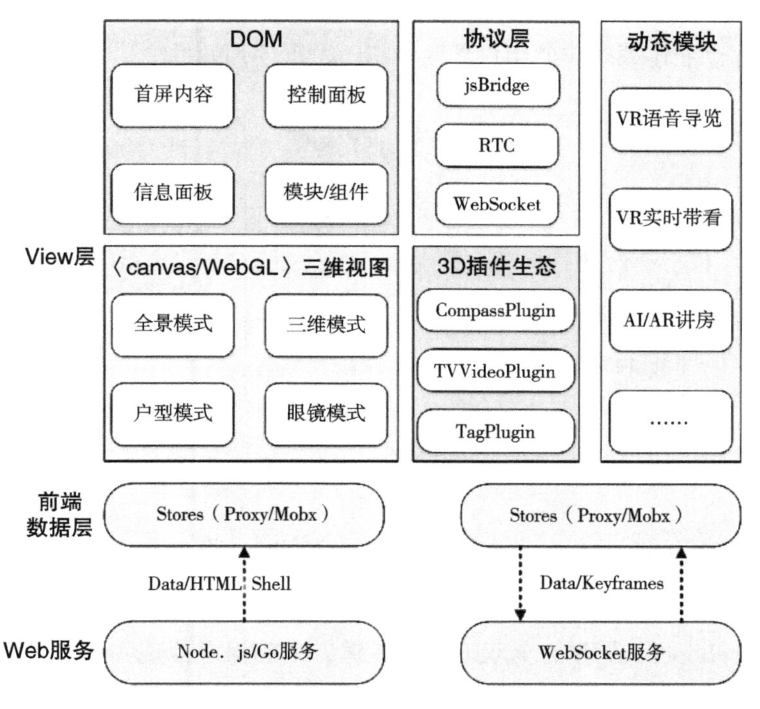

图6-30 前端架构分层设计

第一层View层划分为四个方向进行抽象。第一个方向是纯DOM层，用于展示首屏内容、控制面板、信息面板等。这一层通常使用React/Vue组件进行抽象和复用。第二个方向是基于canvas/WebGL渲染的三维视图，用于实现房屋虚拟现实3D模型的交互功能。第三个方向是维护3D插件生态，以虚拟现实3D模型为基础，并通过插件的形式引入新的交互功能，如模型中的指南针、电视视频等。第四个方向是协议层，在虚拟现实技术中通过Web前端技术进行渲染，在终端应用中以WebView为容器集成，通过

jsBridge实现双向通信。为了保持业务代码的统一性，对第三方依赖（如jsBridge/RTC/WebSocket等）进行了协议层的抽象，以便在不同终端设备之间消除差异。动态模块则表示允许开发者根据应用的实际情况，灵活地决定哪些模块需要被加载。这有助于减少不必要的资源消耗，提高应用的运行效率。

在第二层前端数据层进行数据层的抽象，这里的数据并非指终端服务的数据层，而是针对前端用户界面交互的数据层抽象。将用户界面交互的状态抽象成全局帧数据的形式，以确保任何用户界面的变化都能同步到帧数据中。反之，如果帧数据发生改动（即修改帧数据对象），也会驱动用户界面发生相应的变化。这一过程是通过Stores中的“Proxy/Mobx”对象实现的。简单来说，用户界面交互可以产生新的帧数据，而帧数据也能还原对应的用户界面状态。数据序列帧抽象，如图6–31所示

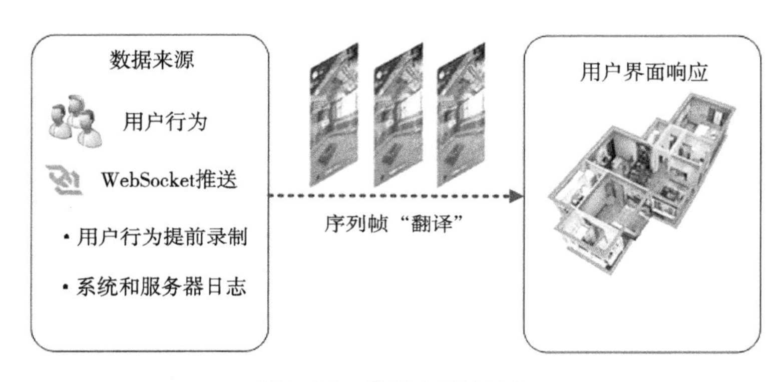

图6–31　数据序列帧抽象

在第三层的Web服务层，核心服务分为两个方向。第一个方向是基于NodE. js/Go实现的HTTP服务，主要负责提供虚拟现实应用页面的HTML框架和首屏数据。第二个方向是基于WebSocket服务的全双工数据通道，来确保虚拟现实体验过程与后台服务之间的实时通信。与传统的HTTP方式相比，WebSocket长连接技术具有许多无可比拟的优势，包括协议私有、实时性高、性能优异等。这些优势对业务智能化和性能体验的提升至关重要，无可替代。

课后习题

一、单选题

1. 在进行电子设备建模时，下列软件中常被用于创建精确的三维模型的是（　　）

A. Photoshop　　B. Blender

C. AutoCAD　　D. Microsoft Word

2. 在Google Cardboard游戏过程中，用户与游戏进行交互是通过（　　）

A. 键盘和鼠标

B. 游戏手柄

C. 智能手机屏幕上的触摸和头部移动

D. 连接专业的VR控制器

3. 下列技术或工具中与VR看房系统的三维场景展示不直接相关的是（　　）

A. WebGL　　B. Unity 3D　　C. Microsoft Excel　　D. Three.js

4. VR看房系统在Web端中展示的三维模型主要利用的技术是（　　）

A. Flash　　B. WebGL　　C. HTML5　　D. SVG

5. 在三维场景渲染流程中，下列步骤中涉及将三维模型转换为可在屏幕上显示图像的是（　　）

A. 建模　　B. 渲染　　C. 动画　　D. 纹理贴图

6. 在三维场景渲染流程中，下列步骤中负责为场景中的物体添加表面细节和颜色的是（　　）

A. 材质和纹理贴图　　B. 建模

C. 光照设置　　D. 后期处理

7. 在电子设备三维可视化应用中，为了提升用户的交互体验，下列技术中常用来模拟物体在不同光照条件下外观的是（　　）

A. 色彩校正　　B. 高分辨率纹理贴图

C. 实时阴影生成　　D. 动态光影模拟

二、简答题

1．简述电子设备三维可视化的主要优势。

2．描述一下Google Cardboard游戏设计的基本流程。

3．简述三维场景渲染流程的主要步骤。

4．简述VR看房相比传统看房方式的显著优势。

三、实践操作题

1．选择一款虚拟现实游戏开发引擎（如Unity或Unreal Engine），根据相关教程或文档，完成一个简单的虚拟现实游戏开发实践项目，如搭建一个简单的虚拟现实场景并添加基本交互功能。

2．创建一个简单的虚拟现实场景：

（1）使用Unity或Unreal Engine等游戏引擎，创建一个简单的虚拟现实场景，如一个房间或户外环境。

（2）添加一些基本的几何体作为场景中的物体，如立方体、球体等。

（3）设置摄像机及用户在场景中的移动控制，如使用键盘或手柄控制用户在场景中的移动。

3．实现基本的交互功能：

（1）在创建的虚拟现实场景中添加一个可交互的物体，如一个按钮或一个箱子。

（2）编写脚本：当用户接近物体时，可以触发相应的交互动作，如按下按钮时改变按钮的颜色或打开箱子。

4．应用虚拟现实技术进行简单的模拟体验：

（1）设计一个简单的模拟体验场景，如一个飞行模拟器或一个汽车驾驶模拟器。

（2）添加虚拟现实设备的支持，例如Oculus Rift或HTC Vive。

（3）编写脚本实现模拟体验中的基本功能，如控制飞机或汽车的运动。

5．设计并实现一个基于虚拟现实技术的教育应用，如虚拟实验室、虚拟演播室等。

附　录

虚拟现实开发资源推荐

作为一个不断发展的技术领域，虚拟现实提供了丰富的开发资源，以支持开发者进行虚拟现实应用程序的开发。以下是一些常用的开发资源推荐。

1. 开发者网站。

虚拟现实开发工具官方网站（如Unity、Unreal Engine）一般会提供开发者网站，网站通常提供了全面的虚拟现实开发文档、虚拟现实开发工具包、示例代码、工具等资源，是虚拟现实开发者的主要参考资料。

2. 开发者社区。

开发者社区（如Unity Community、Unreal Engine Community）是虚拟现实开发工具官方网站提供的开发者社区平台。开发者可以在社区平台上获取最新的技术资讯、互动交流、参与技术讨论、分享开发经验等。

3. 应用开发框架。

应用开发框架是虚拟现实开发工具官方网站提供的一套用于开发虚拟现实应用程序的开发框架，包括用户界面框架、应用生命周期管理、数据管理、网络通信、安全认证等功能，提供了丰富的API和组件，以便开发者进行应用程序的开发。例如，Unity和Unreal Engine都提供了相应的开发框架和组件。

4. 虚拟现实开发工具包。

虚拟现实开发工具包（SDK）包括开发虚拟现实应用程序所需的工具和库、编译工具、调试工具、模拟器、设备驱动等，用于帮助开发者进行应用程序的构建、测试和调试。例如，Oculus SDK、SteamVR SDK等。

5. 应用样例。

虚拟现实开发工具官方网站提供了丰富的应用样例，涵盖了不同类型的应用，如游戏、教育、医疗、房地产等，开发者可以参考这些应用样例进行学习和实践。例如，Unity的虚拟现实示例项目。

6. 开发者大会资料。

开发者大会是虚拟现实开发工具官方举办的年度开发者盛会，会议期间会发布关于虚拟现实技术的最新资讯和资源，包括技术演讲、技术分享、实践案例等。开发者可以通过观看大会的相关资料和录播视频，获取最新的虚拟现实开发资源。例如，Oculus Connect和Google I/O等。

7. 社区贡献者资源。

社区是虚拟现实开发者自发组织的社区平台，有许多积极的开发者在社区中分享丰富的虚拟现实开发资源，包括开发工具、库、组件、插件等。这些社区贡献者资源可以通过社区的开源项目、论坛、博客等渠道获取。例如，GitHub上的虚拟现实项目。

8. 开发文档。

虚拟现实开发工具官方网站提供了详细的开发文档，包括开发指南、API文档、示例代码、开发教程等，这些文档包含了丰富的技术资讯和开发指导，帮助开发者了解虚拟现实开发的流程、开发规范、开发技巧等，是开发虚拟现实应用的重要参考资料。例如，Unity文档、Unreal Engine文档。

9. 应用商店。

应用商店是虚拟现实开发工具官方网站提供的应用分发平台，开发者可以在应用商店中发布和分发虚拟现实应用程序，获取更多的用户和下载量。应用商店还提供了开发者后台，开发者可以在后台管理应用进行上线、更新、统计等操作，方便应用程序的运营和管理。例如，Oculus Store、Steam。

10. 开发者支持。

虚拟现实开发工具官方网站提供了开发者支持服务，包括技术支持、在线咨询、问题反馈等。开发者可以通过官方网站、社区、邮件等方式向虚拟现实开发团队反馈问题和获取技术支持，从而解决在开发过程中遇到的问题。例如，Oculus开发者支持。

总之，虚拟现实作为一项新兴的技术，其系统生态还在不断发展壮大，未来还会有更多的开发资源和工具推出，为开发者提供更好的支持。

参考答案

第一章

一、单选题

1—5　CDDBC

二、多选题

1．ABCD　2．AB

第二章

一、单选题

1—3　ABC

二、多选题

1．ABDE　2．ABCE

第三章

一、单选题

1—4　BABC

二、多选题

1．AB　2．ABC　3．ABD

第四章

一、单选题

1—3　CBB

二、多选题

1．BC　2．ABD

第五章

一、单选题

1—5　ADCAC

二、多选题

1．ABCD　2．BD　3．ABCD

第六章

一、单选题

1—7　BCCBBAD